ULMER NATURFÜHRER

Lutz Spandau
Peter Wilde

Klima

Basiswissen | Klimawandel | Zukunft

Ulmer

Inhalt

Als einmaliges Ereignis eine Wettererscheinung: Regen.

Vom Wetter zum Klima

„Hitzehoch Michaela sorgt weiterhin für rekordverdächtige Temperaturen. Gestern war der heißeste Tag in Deutschland seit Beginn der Wetteraufzeichnungen vor über hundert Jahren." Wetter oder Klima?

Alle Wetter!

Wenn in einer Spätfrostnacht die Obstblüte erfriert, ist das eine Folge des **Wetters**. Wenn aber an einem bestimmten Ort zur Zeit der Obstblüte regelmäßig Spätfröste auftreten, ist dort das **Klima** für den Obstanbau nicht geeignet.

Wetter ist der **kurzfristige** und stets wechselnde **Zustand der Atmosphäre** an einem bestimmten Ort, wie wir ihn tagtäglich erfahren. Das aktuelle Wetter ist das Ergebnis von schnell entstehenden und wieder vergehenden Wetterlagen wie einem durchziehenden Tiefdruckgebiet oder einer länger anhaltenden Hochdruckzone. Wettererscheinungen sind beispielsweise Regen, Sonnenschein, Sturm oder auch ein Gewitter. **Großwetterlagen** sind Wetterlagen über Großräumen wie Europa oder Ostasien. Der über einen Zeitraum von einigen Tagen beobachtete Wetterablauf heißt **Witterung**. Wettervorhersagen sind nur für wenige Tage bis zu einer Woche möglich.

Mikroklima: Unter Bäumen und Sträuchern herrschen andere Bedingungen als auf freier Fläche.

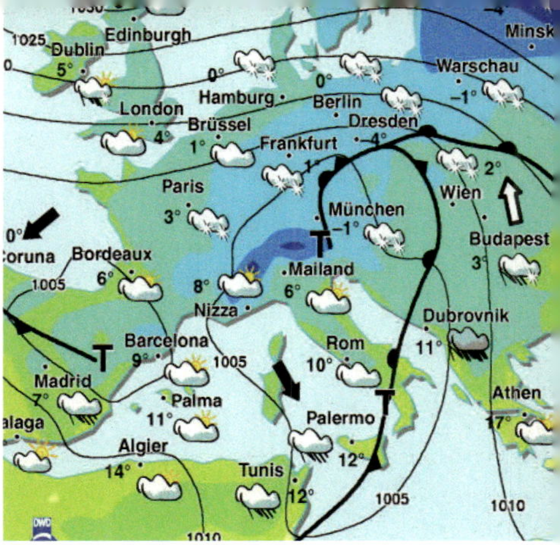

In Wetterkarten wird das aktuelle Wettergeschehen abgebildet.

Als **Klima** bezeichnet man dagegen den **charakteristischen Verlauf des Wetters an einem Ort** oder in einem bestimmten Raum **über einen längeren Zeitraum** hinweg. Klima ist also eine Statistik des Wetters, bei der kurzfristige Schwankungen kaum Gewicht haben. Klima ist jedoch nicht einfach die „durchschnittliche" Witterung, denn es berücksichtigt auch die Häufigkeit extremer Wetterereignisse. Klima hat immer einen konkreten **zeitlichen** und **räumlichen Bezug**.

Klima

Das Wort Klima stammt vom griechischen Begriff klíma ab, welcher übersetzt „Neigung, geographische Lage" bedeutet.
In niederen Breiten ist der Neigungswinkel der Sonnenstrahlung steil, in höheren dagegen flach. Dieser unterschiedliche Einfallswinkel ist ein Hauptgrund dafür, dass es auf der Erde verschiedene Klimazonen gibt.

Klima in Raum ...

Das **Mikroklima** beschreibt das Klima kleinster Flächen – beispielsweise verschiedener Vegetationstypen wie Wiese oder Wald. Das Gelände- oder **Mesoklima** betrachtet das Klima von Landschafts- und Geländeformen. Das **Makro-** oder **Globalklima** erfasst kontinentale und globale Zusammenhänge. Vergleicht man das Klima vieler über die ganze Erde verteilter Orte, stellt man fest, dass es in relativ großen Gebieten ähnliche Züge trägt. Diese

Das Globalklima beschreibt das durchschnittliche Klima des Planeten Erde. Größere Gebiete mit ähnlichen klimatischen Bedingungen werden zu Klimazonen zusammengefasst.

Gebiete werden zu **Klimazonen** zusammengefasst (S. 18). Die vorliegende Broschüre befasst sich ausschließlich mit dem Globalklima.

... und Zeit

Um einen weltweiten Vergleich klimatologischer Daten auf einer einheitlichen Basis zu gewährleisten, sind – nach den international anerkannten Empfehlungen der Weltorganisation für Meteorologie (World Meteorological Organization, WMO) – feste Bezugszeiträume von jeweils 30 Jahren festgelegt. Diese so genannten **Klimanormal-** oder auch **-standardperioden** umfassen die Zeiträume von 1901 bis 1930, von 1931 bis 1960 usw. Gegenwärtig befinden wir uns in der Normalperiode von 1991 bis 2020.

Das Wichtigste in Kürze

- Wetter ist der kurzfristige und stets wechselnde Zustand von Temperatur, Niederschlag u. a. an einem bestimmten Ort. Den Verlauf des Wetters über mehrere Tage nennt man Witterung.
- Als Klima bezeichnet man den Witterungsverlauf an einem Ort oder in einem bestimmten Raum über einen längeren Zeitraum.
- Das Globalklima erfasst das Klima der gesamten Erde bzw. der Kontinente. Um die Entwicklung des Klimas bewerten zu können, wurden Bezugszeiträume von 30 Jahren festgelegt (Klimanormal- oder -standardperioden).

Ein See in einem Talkessel – hier bildet sich ein Gelände- oder Mesoklima, das sich deutlich von der Umgebung unterscheiden kann.

Allerdings ist diese Festlegung nicht starr. Je nach den Erfordernissen bestimmter klimatologischer Forschungsziele werden auch kürzere oder längere Perioden bestimmt. Um beispielsweise Eis- oder Warmzeiten zu erkennen, ist die Betrachtung über größere Zeiträume hinweg erforderlich.

Wetterwechsel zwischen Sonne und Regen

Im Eis der Grönlandgletscher sind Klimadaten aus Jahrtausenden gespeichert.

Dem Klima auf der Spur

Die Wetterstation auf dem Hohenpeißenberg im Alpenvorland gilt als älteste Bergwetterstation der Erde. Sie bietet die längste ununterbrochene Messreihe in Deutschland. Seit 1781 werden hier Daten erfasst. Wer weiter zurückgehen will, muss auf andere Quellen zurückgreifen: historische Chroniken und Gemälde, Pegelmarken an alten Brückenpfeilern, Baumringe, Bohrkerne aus dem arktischen Eis …

Klima ist messbar

Messbare Größen, die das Klima beschreiben, werden **Klimaelemente** genannt. Im Wesentlichen sind dies

- Temperatur
- Sonnenstrahlung (Dauer, Intensität)
- Luftdruck
- Wind
- Bewölkung
- Luftfeuchtigkeit
- Niederschlag.

Die Klimaelemente werden in weltweit verteilten Messstationen bzw. mit Satelliten nach internationalen Standards beobachtet und erfasst. Eine Messstation beinhaltet verschiedene Messinstrumente. Bei **analogen Wetterstationen** müssen diese von einem Wetterbeobachter abgelesen werden. Dies geschieht bei hauptamtlich besetzten Stationen jede Stunde. Bei **digitalen** (automatischen) **Wetterstationen** sammeln Sensoren die ge-

Klima-elemente	Mess-instrumente	Beispiel	Einheit	Details
Temperatur	Thermometer	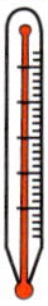 Flüssigkeits-thermometer	Grad Celsius (°C) Kelvin (K) 0 °C = -273 K	0 °C = Gefrierpunkt von Wasser 100 °C = Siedepunkt von Wasser Temperaturbereich Erde: -70 bis +50 °C
Sonnen-strahlung · Intensität · Dauer	Pyranometer Pyrheliometer	 Pyranometer	Watt pro Quadratmeter (W/m^2) Sonnenscheindauer in Stunden	Der Strahlungseingang auf der Erdoberfläche beträgt im Schnitt 198 W/m^2.
Luftdruck	Barometer	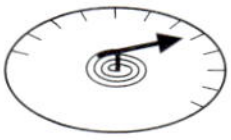 Dosenbarometer	Hektopascal (hPa)	Druckbereich auf Meeresniveau: 940–1040 hPa Durchschnitt: 1013 hPa
Wind	Anemometer (Geschwindigkeit) Windfahne (Richtung)	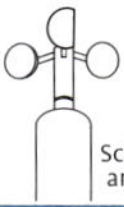 Schalenkreuz-anemometer	Meter pro Sekunde (m/s) (gemessen in 10 m Höhe)	0 km/h = windstill 120 km/h = Orkan Wirbelstürme über 300 km/h
Bewölkung	Beobachter Kamera Satellit		Bedeckungsgrad in 1/8- Stufen oder beschreibend (sonnig, wolkig, ...)	0/8 = wolkenlos 8/8 = bedeckt
Luftfeuchte	Hygrometer Psychrometer	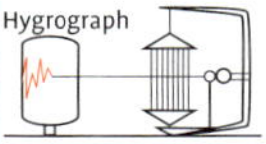 Hygrograph	Prozent (%)	0 % = trocken 100 % = Nebel
Niederschlag	Regenmesser	 Regenmesser	Millimeter pro Quadratmeter (mm/m^2) 1 mm/m^2 = 1 l/m^2	Jahresmittel: Berlin: 527 mm Kairo: 26 mm Java: 4117 mm

Klimaelemente und wie sie gemessen werden.

wünschten Daten und leiten sie per Funk oder Kabel an eine Basisstation weiter.

Beobachtungen rund um die Welt

Über Ozeanen, Regenwäldern, Eis, Wüsten oder hohen Gebirgen ist eine flächendeckende Beobachtung an der Erdoberfläche kaum möglich. Die **Fernerkundung** aus dem Weltraum spielt daher eine immer größere Rolle. **Satelliten** beobachten und messen die Strahlung, die von der Erde und der Atmosphäre reflektiert und/oder emittiert wird. Satelliteninformationen allein bilden das komplexe Wetter- und Klimageschehen jedoch nur unvollständig ab. Für die exakte Bestimmung von Temperatur, Luftfeuch-

Hochwassermarken an einem Haus zeigen Häufigkeit und Ausmaß von Hochwässern. Das erlaubt Rückschlüsse auf die Klimaverhältnisse.

tigkeit und Wind ist das Zusammenspiel mit den bodengestützten Messstationen wichtig.
Die von den Messstationen und Satelliten gelieferten Daten werden von Meteorologen gesammelt und **statistisch ausgewertet**. Die daraus über längere Zeiträume errechneten **Mittelwerte** beschreiben dann das Klima eines bestimmten Ortes und werden in **Klimatabellen** ausgegeben. **Klimadiagramme** zeigen die Jahresverläufe von Temperatur und Niederschlägen (S. 19).
Für die Beurteilung des weltweiten Klimas bzw. einer möglichen Klimaänderung ist vor allem die **globale Jahresmitteltemperatur** von Bedeutung. Sie wird in einem komplizierten mathematischen Verfahren aus den Werten des weltweiten Netzes von Messstationen ermittelt. Grundlage der Berechnung sind die jeweiligen Tagesdurchschnittstemperaturen (die sich aus dem Mittel des zu jeder vollen Stunde gemessenen Wertes ergeben). Aus der Summe der Tagesdurchschnitte werden dann analog die Monats- und Jahresmittelwerte errechnet.

Klimaforschung rückwärts

Für die Klimaforschung ist das Verständnis des Klimas der Vergangenheit sehr wichtig. Die Forscher versuchen, aus den Daten der Vergangenheit langfristige Trends, regelmäßige Schwankungen und ihre Ursachen zu erkennen, um Aussagen über zukünftige Entwicklungen machen zu können. Das wichtigste Kriterium für verlässliche Aussagen über das

Satellitenaufnahmen: unentbehrlich für Wettervorhersage und Klimabeobachtung.

Messstation zur Aufnahme von Wetterdaten.

Klima sind dabei möglichst **lückenlose Daten über lange Zeiträume** hinweg.

Kontinuierliche Messreihen etwa der bodennahen Temperatur liegen für die letzten 100–150 Jahre im Wesentlichen für Europa, die küstennahen Zonen Nordamerikas und Ostasiens sowie entlang der Hauptschifffahrtslinien vor. Einzelne Datenreihen reichen sogar ins 17. Jahrhundert zurück. Über die Zeit davor lassen sich klimatische Verhältnisse nur aus so genannten **Proxys** (= Stellvertreter) ableiten. Das sind zum einen Daten aus natürlichen Klimaarchiven, zum anderen aus historischen Dokumenten.

So genannte **natürliche Klimaarchive**, die das Klima vergangener Zeiten „archiviert“ haben, sind:

- Jahresringe von Bäumen und Korallen
- Sedimente von Meeres- und Seeböden
- Eis von Gletschern.

Aus diesen Naturarchiven können Wissenschaftler z. B. Temperaturen und Sonnenaktivität, die Intensität der Sonneneinstrahlung, Wassertemperaturen ehemaliger Ozeane, Luftfeuchtigkeit bzw. Trockenheit untergegangener Kontinente oder die Zusammensetzung einer früheren Atmosphäre ableiten und so das Klimageschehen nachvollziehen. Neben diesen „natürlichen“ Klimaarchiven stützen sich die Klimaforscher auch auf **historische Darstellungen** und **Chroniken** wie

- Berichte über Naturkatastrophen, Deichreparaturen, Segelzeiten von Schiffen usw.

Definition

Wetter	Klima
• kurzfristig wechselnd	• langfristig stabil
• lokal	• lokal (Mikroklima) – global (Globalklima)
• zeitlich eng begrenzt (Momentaufnahme)	• zeitlich gemittelt – Klimaperioden (30-Jahre-Zyklus)
• unterste Atmosphärenschicht (Troposphäre/Wettersphäre)	• über die unterste Atmosphärenschicht hinaus

- Protokolle von Wasserständen und Vereisungen an Flüssen und Seen, Pegelmarken an Häusern und Brücken
- Witterungstagebücher
- Chroniken weltlicher und kirchlicher Institutionen, z. B. über Bittprozessionen gegen eine Dürre
- Gemälde und Zeichnungen
- Dokumente über Ernteerträge und die Blüh- oder Reifezeiten von Pflanzen.

Die Klimarekonstruktion aus historischen Dokumenten hat gegenüber den natürlichen Archiven den Vorteil, dass die Datierung meist eindeutig ist.

Das Wichtigste in Kürze

- Über Klimaelemente wie Temperatur, Luftdruck, Wind, Niederschlag u. a. kann Klima gemessen und beschrieben werden.
- Wichtig für die Erforschung von Klimaveränderungen sind kontinuierliche Messreihen über möglichst lange Zeiträume, die allerdings nur für die letzten 100–150 Jahre vorliegen.
- Für die Zeit davor kann das Klima über Proxydaten abgeleitet werden. Neben historischen Dokumenten spielen hier vor allem Daten aus natürlichen Klimaarchiven eine Rolle.

Ein schmaler blauer Saum – unsere Atmosphäre.

Die Schutzhülle der Erde

Von einem Raumschiff aus erscheint die sichtbare Atmosphäre über der gekrümmten Horizontlinie der Erdkugel als königsblauer Saum. Zauberhaft schön, aber auch hauchdünn und zerbrechlich wirkt sie. Im Verhältnis zur Erde ist sie kaum dicker als die Schale eines ApfelS.

Von der Schwerkraft gehalten

Die **Atmosphäre** (griech. „atmós“ = Luft, „sfara“ = Kugel) ist die Lufthülle der Erde und spielt für das Erdklima eine zentrale Rolle. Sie schützt vor der energiereichen Sonnenstrahlung, sorgt für eine ausgeglichene Temperatur auf der Erdoberfläche, enthält die Luft zum Atmen und ermöglicht so das Leben auf der Erde. Sie ist zwischen 1000 und 3000 Kilometer dick. In der Nähe der Erdoberfläche ist die Atmosphäre auf Grund der Schwerkraft am dichtesten, mit zunehmender Höhe wird sie immer dünner.

Im Lauf der Erdgeschichte hat sich die Zusammensetzung der Atmosphäre immer wieder verändert. Die heutige Atmosphäre enthält etwa 78 % Stickstoff, 21 % Sauerstoff, knapp 1 % Argon sowie zahlreiche so genannte Spurengase.
Der Wasserdampfgehalt der Atmosphäre ist regional sehr verschieden und liegt zwischen 0 und 7 %.

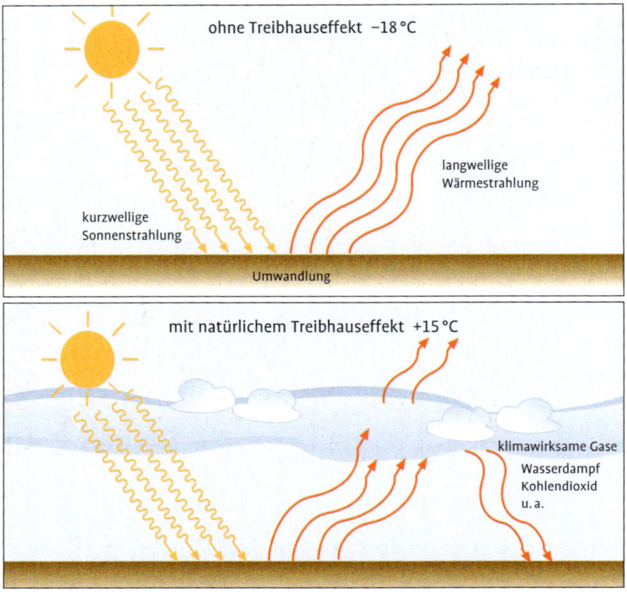

Ohne den natürliche Treibhauseffekt wäre unser Leben auf der Erde nicht möglich.

Treibhaus Erde

Obwohl die **Spurengase** in sehr geringen Mengen vorkommen, haben einige großen Einfluss auf das Klima: Wasserdampf, Kohlendioxid (CO_2), Methan (CH_4), Distickstoffmonoxid (Lachgas, N_2O) und Ozon (O_3) haben eine ähnliche Wirkung wie die Glasscheibe eines Gewächshauses. Sie las-

Das Wichtigste in Kürze

- Klima und Atmosphäre sind eng miteinander verzahnt.
- Die Atmosphäre besteht aus einem Gasgemisch und gliedert sich vertikal in verschiedene Schichten.
- Das Wettergeschehen spielt sich überwiegend in der Troposphäre, der untersten Schicht, ab.
- Ohne die klimawirksamen Gase in der Atmosphäre läge die Temperatur auf der Erde bei −18 °C, tatsächlich sind es ca. +15 °C (natürlicher Treibhauseffekt).
- Die Ozonschicht absorbiert die für lebende Zellen schädliche UV-Strahlung der Sonne.

Das Wettergeschehen spielt sich in der untersten, zehn Kilometer dicken Schicht der Atmosphäre – der Troposphäre – ab.

sen die kurzwellige Sonnenstrahlung passieren, halten aber die langwellige Wärmeabstrahlung weitgehend zurück, in die sich die Sonnenstrahlung beim Auftreffen auf Oberflächen teilweise umwandelt. Die Gase werden daher auch als **Treibhausgase** bezeichnet. Sie bewirken den **natürlichen Treibhauseffekt**, durch den die mittlere Temperatur auf der Erde bei ca. +15 °C liegt, ohne ihn würde sie −18 °C betragen. Der **natürliche Treibhauseffekt** macht das Leben auf der Erde also erst möglich.
Den größten Anteil am Zustandekommen des natürlichen Treibhauseffektes haben **Wasserdampf** (ca. 60 %) und **Kohlendioxid** (ca. 20 %). Zu den **klimawirksamen Bestandteilen** der Atmosphäre gehören auch die **Aerosole**, kleine, in der Luft schwebende feste und flüssige Partikel, die bei Vulkanausbrüchen, durch Verbrennungen oder aus Staub und Eiskristallen entstehen. Sie wirken allerdings im Wesentlichen abkühlend, da sie Sonnenstrahlen reflektieren. Außerdem spielen Aerosole bei der Wolkenbildung eine wichtige Rolle und einige Aerosole absorbieren auch Strahlung.

Stockwerke aus Luft

Die Atmosphäre gliedert sich vertikal in mehrere deutlich unterscheidbare Schichten.
Für das Wetter- und Klimageschehen ist vor allem die unterste Schicht, die **Troposphäre** von Bedeutung. Sie wird deshalb auch als **Wetterschicht** bezeichnet und enthält fast 90 % der gesamten Luft sowie des Wasserdampfes. Die Temperatur sinkt um etwa

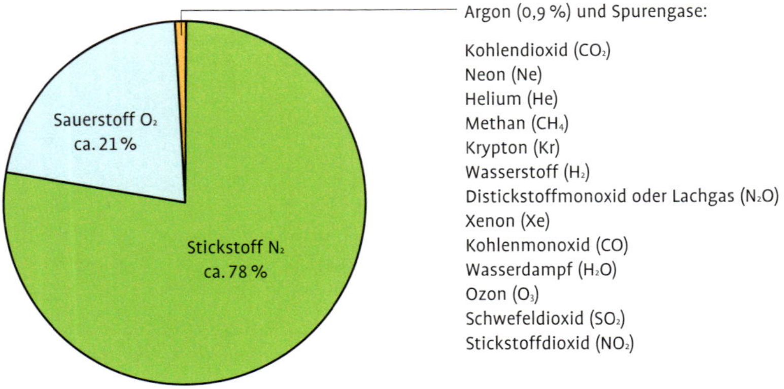

Zusammensetzung der Atmosphäre: Stickstoff und Sauerstoff bilden einen Großteil der Luft, die wir täglich artmen

6,5 °C pro 1000 Höhenmeter. Die obere Trennschicht der Troposphäre wird als **Tropopause** bezeichnet.
Die Temperatur in der sich anschließenden trockenen und nahezu wolkenlosen **Stratosphäre** bleibt zunächst unverändert, nimmt aber zur **Stratopause** hin allmählich wieder zu. Der Luftaustausch zwischen Troposphäre und Stratosphäre ist gering. Während sich die Luft in der Troposphäre innerhalb von wenigen Stunden oder Tagen austauschen kann, dauert dieser Prozess für die Stratosphäre Monate oder Jahre.
Auf die Stratopause folgen die **Mesosphäre** mit der Mesopause, die **Thermosphäre** mit der Thermopause sowie die **Exosphäre**, die äußerste Schicht des Gasmantels.

Schutzschild der Erde

Für das Leben auf der Erde spielt das Spurengas **Ozon** eine wichtige Rolle. In der unteren Troposphäre kommt es nur in geringen Mengen vor und wirkt dort als Treibhausgas. In der Stratosphäre jedoch befinden sich rund 90 % aller Ozonmoleküle, 75 % konzentrieren sich auf den Bereich zwischen etwa 15 und 30 Kilometern Höhe.
Hier bilden sie die so genannte **Ozonschicht**. Sie absorbiert die energiereiche, für lebende Zellen schädliche **UV-Strahlung** der Sonne und lässt nur einen geringen Teil auf die Erdoberfläche gelangen. Ohne dieses Schutzschild wäre das heutige Leben auf der Erde stark gefährdet.

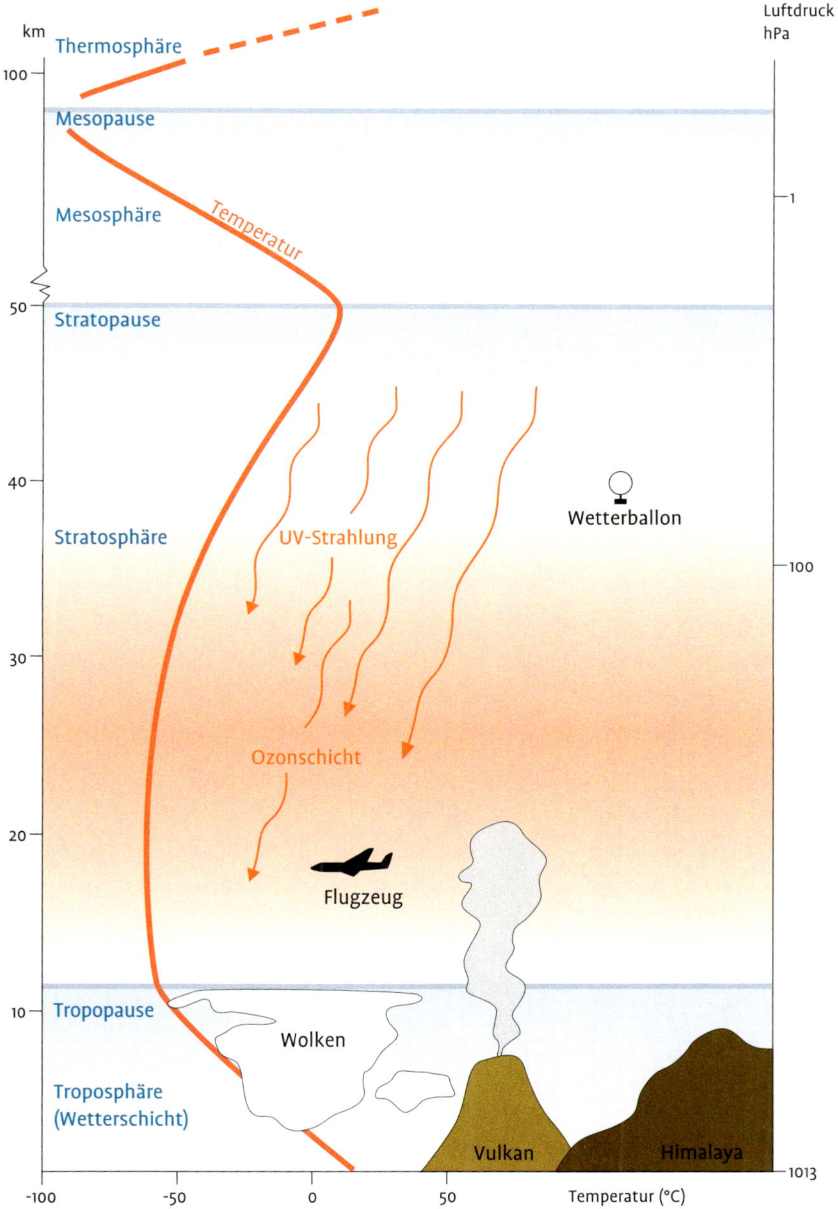

Quelle: nach Häckel (2005)

Schichtung der Atmosphäre. Von besonderer Bedeutung ist die Ozonschicht in der Stratosphäre: Sie schützt uns vor der gefährlichen UV-Strahlung.

Klimamaschine Erde

Wostock/Antarktis, Juli 1983: −89,2°C Lufttemperatur. El Asisija/Lybien, August 1923: +57,3 °C Lufttemperatur. Dies sind Extremwerte, aber sie zeigen: Das Klima auf der Erde ist nicht überall und jederzeit gleich.

Das Klima heute

Die klimatischen Bedingungen auf unserem Planeten sind sehr unterschiedlich. Die Erde lässt sich in verschiedene **Klimazonen** untergliedern, die eine charakteristische Abfolge von den Polen hin zum Äquator aufweisen: **polar**, **subpolar**, **boreal**, **gemäßigt**, **subtropisch** und **tropisch**. Die Grenzen der Klimazonen verlaufen dabei nicht exakt parallel zur **geografischen Breite**. Dies hängt neben Wind- und Meeresströmungen u. a. auch damit zusammen, dass sich große Landmassen klimatisch anders verhalten als Ozeane. Letztere verändern ihre Temperaturen nur langsam, speichern Wärme und wirken dadurch auf benachbarte Landflächen ausgleichend oder mäßigend. Deshalb ist beispielsweise das „**atlantische**“, gemäßigte Klima Westeuropas vergleichsweise ausgeglichen, mit milden Wintern und eher kühlfeuchten Sommern. Im Innern großer Kontinente kühlt dagegen die Landmasse im Winter stark ab und heizt sich im Sommer sehr auf.

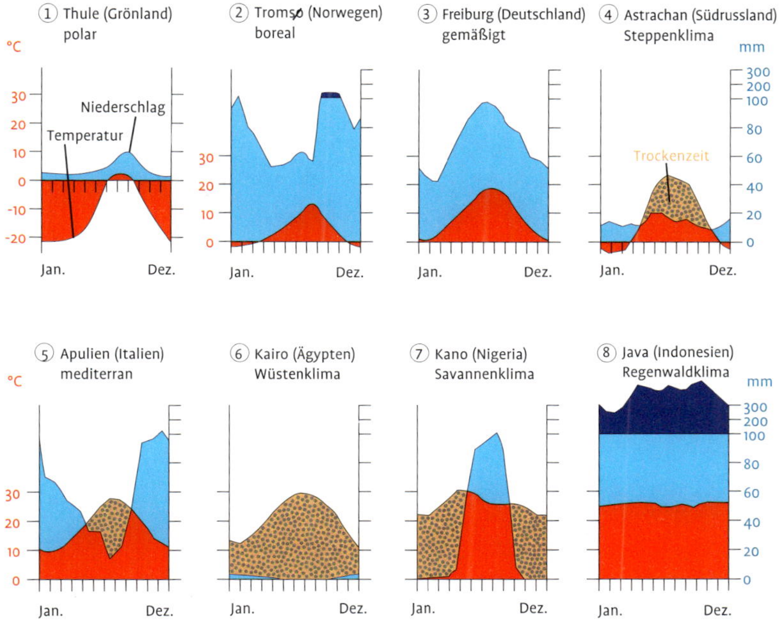

Klimadiagramme typischer Klimazonen

Quelle: nach DTV-Atlas Ökologie (1990)

So ist der östliche Teil Europas „**kontinental**“ geprägt, mit kalten Wintern und heißen, trockenen Sommern.
Die Unterschiede der einzelnen Klimazonen lassen sich gut anhand von **Klimadiagrammen** erkennen. Diese Grafiken sind das Ergebnis langjähriger Wetteraufzeichnungen und beschreiben den Jahresverlauf des Klimas an einem bestimmten Ort. Sie geben Aufschluss über Temperatur und Niederschlagsverteilung, Frosttage und Trockenzeiten. In der Abbildung oben sind verschiedene Klimazonen der Erde mit ihren Klimadiagrammen dargestellt.

Zwischen Pol und Äquator

Polare und **subpolare** Klimata zeichnen sich durch sehr niedrige Durchschnittstemperaturen aus, die in Polnähe auch im Sommer kaum über 0 °C reichen. Auch die Niederschlagswerte sind vergleichsweise gering.
In **borealen** und **gemäßigten** Klimazonen fällt in der Regel mehr Niederschlag, als verdunsten kann, dieses Klima wird auch als **humid** bezeichnet. **Aride** und **semiaride** Klimata weisen dagegen Trockenzeiten auf. Es fällt weniger Niederschlag, als auf Grund des Temperaturverlaufes verdunsten

Die Klimazonen unterscheiden sich deutlich voneinander – und diese Unterschiede prägen das Gesicht unserer Erde.

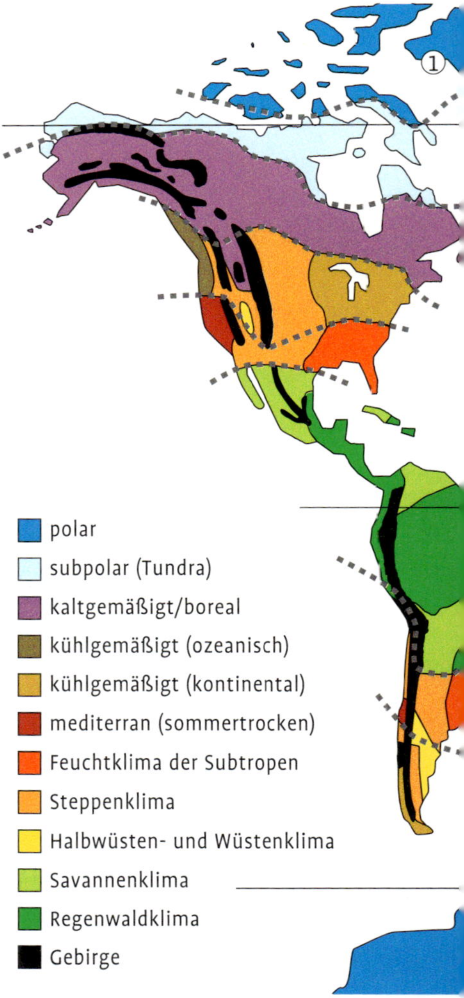

Die Klimazonen verlaufen nicht exakt parallel zur geografischen Breite. Wind- und Meeresströmungen oder große Landmassen beeinflussen ihren Verlauf.

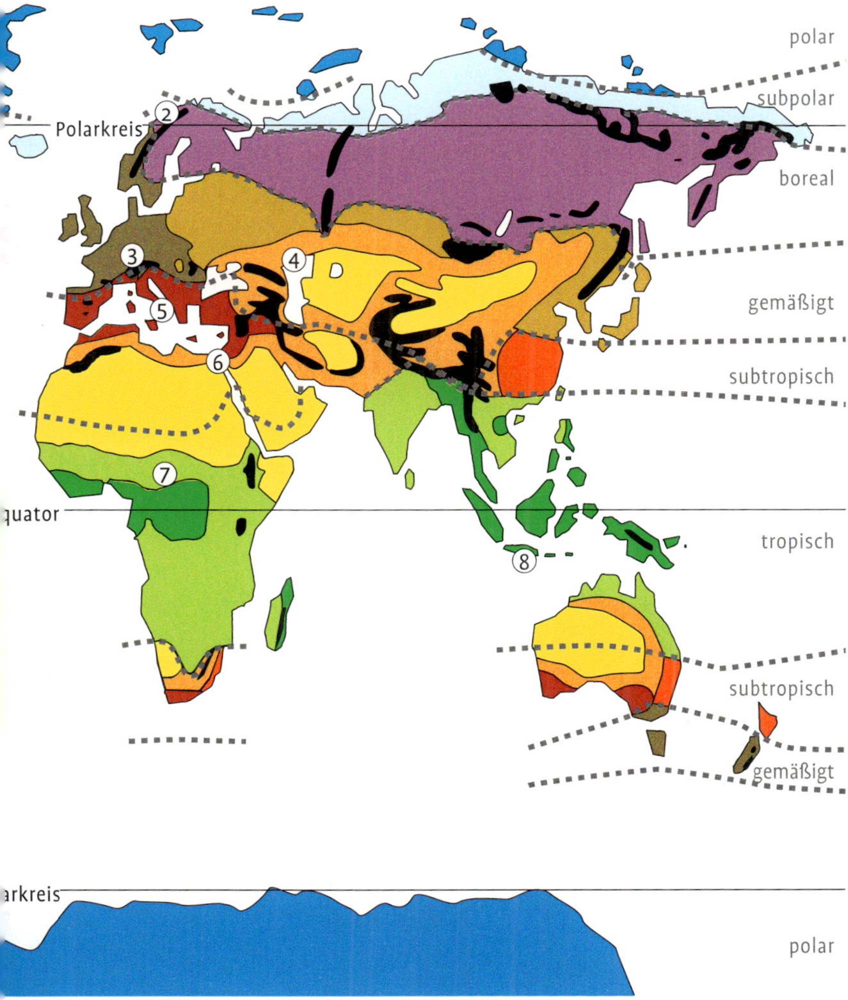

polar
subpolar
Polarkreis
boreal
gemäßigt
subtropisch
tropisch
quator
subtropisch
gemäßigt
rkreis
polar
2
3
4
5
6
7
8

Niederschläge und Temperatur gehören zu den wichtigsten Klimafaktoren.

könnte. Klimata mit Trockenzeiten finden sich in Steppengebieten, rund um das Mittelmeer, in Savannen und sehr ausgeprägt in Wüsten- und Halbwüsten; hauptsächlich in den **Subtropen** und **Tropen**. Das **tropische Regenwaldklima** wiederum ist sehr humid. Hier fallen große Niederschlagsmengen, eine jahreszeitliche Ausprägung ist kaum zu spüren. Eine Ausnahme bilden die tropischen Gebiete im Bereich des **Monsuns**, wo die Regenmengen zu einer bestimmten Jahreszeit stark zunehmen. Eine Besonderheit stellen die Gebirge dar. Da die Lufttemperatur der Atmosphäre um ca. 0,6 °C pro 100 m nach oben hin abnimmt, durchlaufen Gebirge quasi die Klimazonen von unten nach oben. Deshalb finden sich in den Hochlagen großer Gebirge klimatische Bedingungen, die mit denen in der polaren Zone vergleichbar sind – allerdings mit dem Unterschied, dass sich die Sonneneinstrahlung entsprechend der geografischen Breite verhält.

Das Wichtigste in Kürze

- Das Klima auf der Erde ist nicht überall gleich, es zeigt sich aber eine charakteristische Abfolge an Klimazonen von den Polen hin zum Äquator.
- Bestimmend für das Klima sind verschiedene Klimafaktoren, wobei zwischen geophysikalischen, biologischen und anthropogenen Faktoren unterschieden werden kann.
- Das Klimasystem der Erde ist sehr komplex. Antreibende Kraft ist die Sonne.

Unterschiedliche Faktoren definieren das Klima an einem bestimmten Ort der Erde.

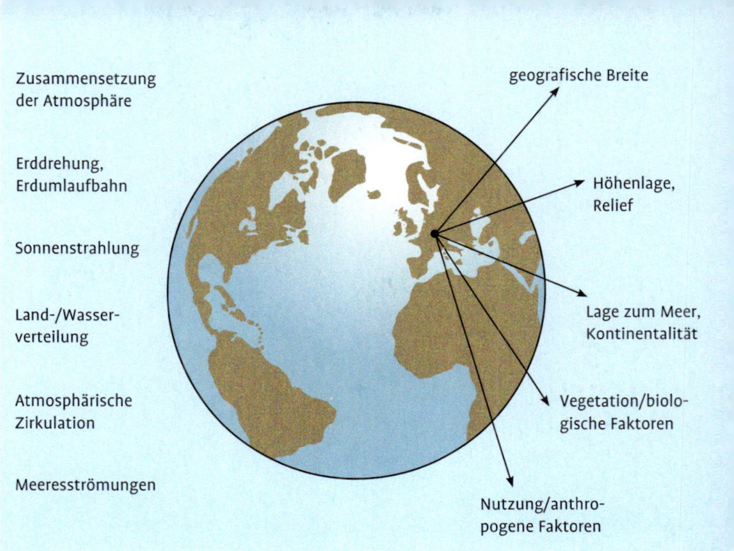

Vom Klima geprägt

Die Klimazonen spiegeln sich sowohl in der **Vegetation** der Erdoberfläche als auch in deren **Nutzung** wider. Ob Grasland, Nadelwald oder tropischer Regenwald gedeiht, hängt weitgehend vom Klima ab. Welche Nutzpflanzen in welcher Region angebaut werden können – auch hierbei spielt das Klima eine wichtige Rolle. Und die **„nördliche Ackerbaugrenze“**, also die Grenze, bis zu der im Norden Ackerbau möglich ist, wird im Wesentlichen klimatisch definiert. Ebenso die **„Trockengrenze“** z. B. im Bereich der Sahelzone im nördlichen Afrika. Sie trennt Gebiete mit Niederschlagsüberschüssen von solchen mit -defiziten.

Eine riesige Klimamaschine

Klimazonen sind **nicht starr**, denn das Klima der Erde **verändert sich**, wenn auch in großen Zeitmaßstäben. Dies zeigt der Blick zurück in die Klimageschichte (S. 52 ff.).

Das Klima wird dabei durch unterschiedliche **Klimafaktoren** bestimmt. Zu ihnen zählen weltweit wirkende Faktoren wie die **Zusammensetzung der Atmosphäre**, **Schwankungen der Erdumlaufbahn und der Sonnenstrahlung**, die **Verteilung von Land und Wasser** sowie die daraus resultierenden **atmosphärischen Zirkulationen** (Windsysteme) und **Meeresströmungen**.

Für das Klima an einem bestimmten Ort sind lokale Faktoren relevant: **geographische Breite**, **Höhe über dem Meer**, Ausprägung der Landschaft mit

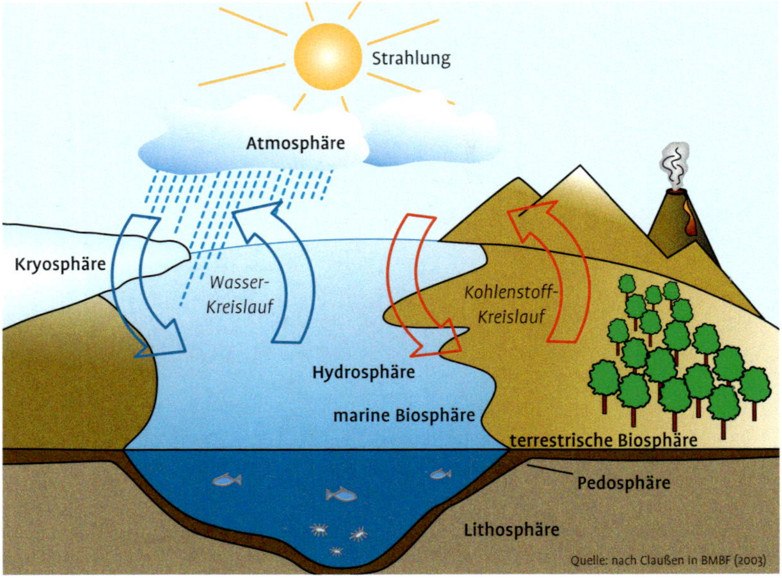

Die „Klimamaschine“ Erde besteht aus mehreren Untersystemen, die dynamisch miteinander verbunden sind. Änderungen in einem Untersystem haben immer Auswirkungen auf das Gesamtsystem.

Bergen, Tälern und Ebenen (**Relief**) oder die **Lage zum Meer**. Zu diesen geophysikalischen Faktoren kommen noch biologische wie die **Vegetation** oder **anthropogene**, das heißt menschengemachte **Faktoren**.
Das Globalklima der Erde ist ein hoch komplexes System mit zahlreichen, z. T. schwer durchschaubaren Wechselwirkungen. Die Erde funktioniert dabei wie eine riesige Klimamaschine, **treibende Kraft ist die Sonne**.
Das gesamte Klimasystem besteht aus verschiedenen Untersystemen, bei denen neben der **Atmosphäre** die **Hydrosphäre** (Ozeane, Flüsse, Niederschlag, Grundwasser), die **Kryosphäre** (Eismassen, Schnee, Permafrost), die **Pedo-** (Boden) bzw. **Lithosphäre** (Gesteinskruste, Erdmantel) und die **Biosphäre** (belebte Umwelt) eine Rolle spielen. Alle diese Systeme sind dynamisch miteinander verbunden – d. h., eine kleine Änderung in einem Untersystem kann große Auswirkungen in einem anderen oder dem Gesamtsystem haben.

Die Strahlungsenergie der Sonne ist der Motor der „Klimamaschine“ Erde.

Klimamotor Sonne

Sonnenstrahlen wärmen, die Sonne treibt den Wasserkreislauf an, auch Winde gibt es nicht ohne die Sonne. Alles dreht sich um die Sonne. Auch das Klima.

Sonnenkraft

Die Sonne ist der **Motor der Klimamaschine Erde**. Pro Jahr erhält unsere Erde eine **Strahlungsenergie** von 1,08 × 1010 kWh (zum Vergleich: Das ist fast 10.000 mal mehr als der jährliche Energieverbrauch der Menschheit). Die eintreffende Strahlungsenergie wird unterschiedlich verteilt. Sie wechselt – bedingt durch die Neigung der Erdachse – entsprechend den **Jahreszeiten** und der **geografischen Breite**. Zudem verändert sich die Art der Strahlung sowohl beim Eintritt in die Gashülle der Erde wie auch beim Auftreffen auf die Erdoberfläche. Die beiden wichtigsten Vorgänge dabei sind Absorption und Reflexion.

Nur ein Teil kommt an

Bei der **Absorption** nimmt Materie die **kurzwellige** Strahlungsenergie der Sonne auf und wandelt sie in Wärme (**langwellige Strahlung**) um. Innerhalb der Atmosphäre sind im Wesentlichen

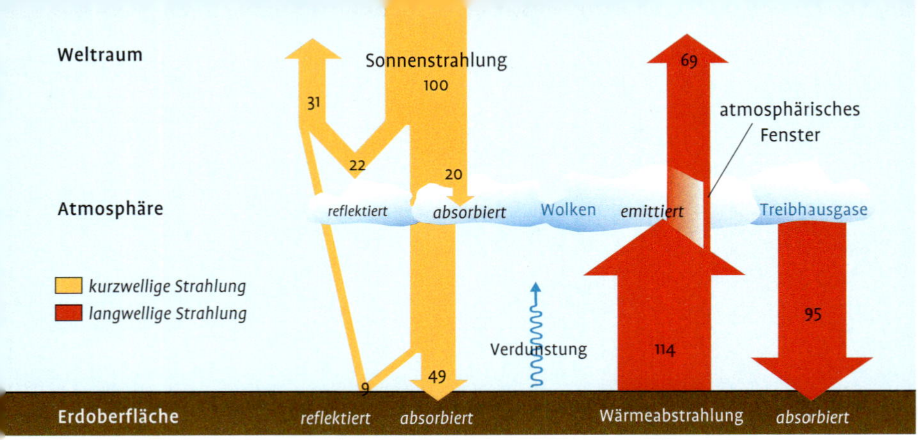

Quelle: nach IPCC (2001)

Die Strahlungsbilanz der Erde: ausgeglichen.

drei Gase wirksam: Ozon, Wasserdampf (Wolken) und Kohlendioxid. Sie absorbieren einen großen Teil vor allem des nicht sichtbaren Lichts, Ozon in erster Linie im ultravioletten (UV-) Bereich.

Bei der **Reflexion** wird Strahlung ohne Umwandlung zurückgeworfen, die ankommende Energie also wieder abgeführt. Helle Oberflächen werfen dabei mehr Strahlung zurück als dunkle. Ausgedrückt wird das Reflexionsvermögen in der so genannten **Albedo**. Die besten Reflektoren in der Atmosphäre sind Wolken, auf der Erdoberfläche die eisbedeckten Polkappen.

Strahlungs-Ping-Pong

Nur knapp 50 % der Sonnenstrahlung durchdringt die Atmosphäre und kommt tatsächlich auf der Erdoberfläche an. Sie wird in langwellige Wär-

Das Wichtigste in Kürze

- Die Sonne ist der Motor der Klimamaschine Erde. Für den Strahlungshaushalt sind Absorption und Reflexion entscheidende Faktoren.
- Nur ein Teil der Sonnenstrahlung dringt bis zur Erdoberfläche durch. Zudem werden verschiedene Bereiche der Erde unterschiedlich stark bestrahlt.
- Auf der Erde angekommen, wird die Strahlung je nach Beschaffenheit der Oberfläche reflektiert oder absorbiert. Dies hat Auswirkungen auf das gesamte Klimasystem mit Wind- und Meeresströmungen.

Spiegel	1			▲ Reflexion
Neuschnee	0,80	–	0,95	
Wolkendecke (dicht)	0,50	–	0,80	
Altschnee	0,45	–	0,80	
Sand und Wüste	0,25	–	0,40	
Savanne, Prärie	0,20	–	0,25	
Grasland (grün)	0,15	–	0,20	
Sümpfe	0,10	–	0,15	
Waldgebiet	0,05	–	0,15	
Ackerboden	0,05	–	0,10	
Wasserflächen	0,03	–	0,10	
Schwarze Flächen	0			▼ Absorption

Die Albedowerte unterschiedlicher Oberflächen.

mestrahlung umgewandelt, die die Erdoberfläche wieder in Richtung Atmosphäre verlässt. Ein kleiner Teil dieser langwelligen Wärmestrahlung, und zwar nur in einem bestimmten Wellenlängenbereich, kann die Atmosphäre ungehindert in Richtung Weltraum passieren. Man spricht dabei vom **atmosphärischen Fenster**. Der weitaus größte Teil wird von der Atmosphäre, speziell von den **Treibhausgasen**, absorbiert und gleichmäßig in alle Richtungen abgestrahlt – zum Teil auch wieder zur Erdoberfläche. Diese erwärmt sich dadurch zusätzlich und emittiert wiederum langwellige Strahlung in die Atmosphäre. Ein Teil davon entweicht in den Weltraum (s. o.), ein Teil wird absorbiert – usw. (Treibhauseffekt, S. 14). Durch dieses „Strahlungs-Ping-Pong" entsteht ein Wärmestau und die Erdoberfläche erhält mehr Energie, als die Sonne ihr eigentlich zustrahlt. Insgesamt gesehen steht die Erde mit dem umgebenden Weltall

Reflektiert

Die Albedo (lat. „albus" = weiß) gibt das Verhältnis von einfallender zu reflektierter Strahlung an. Eine (theoretische) Albedo von 1 entspricht dabei einer Rückstrahlung von 100 %, eine Albedo von 0 bedeutet die vollständige Absorption. Die Albedo ist von den Eigenschaften der bestrahlten Fläche und vom Einfallswinkel abhängig. Die Abbildung oben zeigt einige Beispiele für durchschnittliche Albedos. Das Gesamtsystem von Erde und Atmosphäre hat eine Albedo von etwa 0,30.

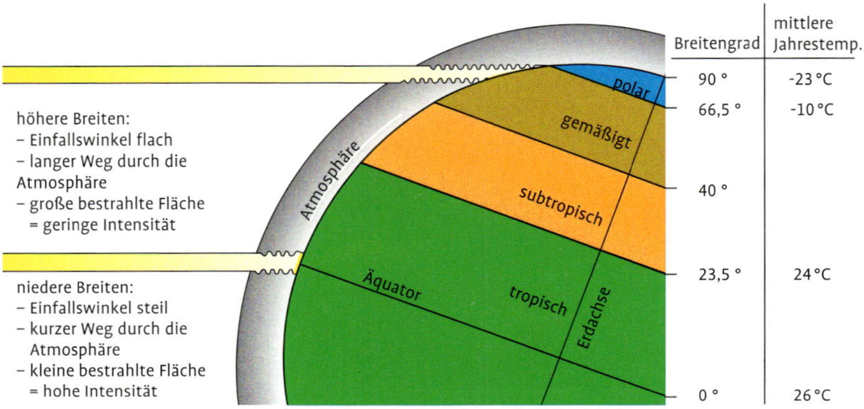

Strahlung und Klimazonen. Die Kugelform der Erde und die Neigung der Erdachse haben großen Einfluss auf die Strahlungsintensität. In höheren Breiten verteilt sich eine bestimmte Strahlungsmenge auf einer größeren Fläche, als in niedrigeren Breiten.

aber im Energiegleichgewicht. Von den eintreffenden 100 % Strahlung werden 31 % reflektiert und 69 % als langwellige Wärmestrahlung abgegeben.

Der Klimamotor läuft

Die bisherigen Betrachtungen betreffen die Erde als Ganzes. Regional können die **Strahlungsbilanzen** sehr unterschiedlich ausfallen. So werden Orte am Äquator das ganze Jahr über relativ gleichmäßig mit Strahlung versorgt, Bereiche um die Pole nur ein halbes Jahr. Die Strahlung durchläuft zudem in höheren Breiten einen längeren Weg durch die Atmosphäre als in niederen Breiten. Sie wird dadurch stärker absorbiert. Zusätzlich wird die Strahlungsmenge infolge des flacheren Einstrahlungswinkels auf eine größere Fläche verteilt. Beides führt zu einer deutlichen Verringerung der **Strahlungsintensität** in höheren Breiten.

Auch **Gestalt** und **Struktur der Erdoberfläche** sind im Zusammenhang mit der Strahlung wichtige Faktoren. Trifft die Strahlung auf Wasser- oder Landflächen, auf dunkle oder helle Oberflächen, auf bewachsenen oder unbewachsenen Grund?

Je nachdem wird Strahlung stärker reflektiert oder absorbiert. Alles zusammen hat wiederum Einfluss auf Vorgänge in der Atmosphäre. Erwärmung führt zu **Verdunstung**, es bilden sich Wolken, die wiederum die Strahlungsverhältnisse beeinflussen. Durch die

Die Eiszeiten der jüngeren Erdgeschichte wurden durch Schwankungen der Erdumlaufbahn ausgelöst – die Milankovic-Zyklen.

unterschiedliche Erwärmung der Erde entstehen **weltumspannende Windsysteme** und auch in den **Meeren** findet ein ständiger Austausch zwischen den verschieden warmen Regionen statt (S. 30 ff.). Sogar über das **Leben auf der Erde** beeinflusst die Sonnenstrahlung das Klima: Pflanzen binden durch Fotosynthese Kohlenstoff – und reduzieren so den CO_2-Gehalt der Atmosphäre (S. 43 ff.).

Lichtwechsel

Auch scheinbar feste Größen wie die Sonnenstrahlung selbst oder die Umlaufbahn der Erde um die Sonne unterliegen Schwankungen, die sich auf das Klima auswirken. Von Bedeutung sind z. B. die „**Milankovic-Zyklen**", benannt nach ihrem Entdecker, dem serbischen Mathematiker und Astronomen Milutin Milankovic (1879–1958). Demnach schwankt die Umlaufbahn der Erde innerhalb von 100.000 Jahren zwischen einer ungefähren Kreis- und einer leichten Ellipsenform (Exzentrizität) – mit Auswirkungen auf den Abstand der Erde zur Sonne und damit auf die insgesamt auf die Erde auftreffende Strahlungsmenge. Mit einer Periode von 41.000 Jahren ändert sich leicht der Neigungswinkel der Rotationsachse der Erde (Obliquität) und ca. alle 25.800 Jahre durchläuft die Erde eine Kreiselbewegung. Beides verändert die Verteilung der Strahlung auf der Erdoberfläche. Die Milankovic-Zyklen gelten heute als Auslöser der Eiszeiten in der jüngeren Erdgeschichte (S. 57 f.).

Wind und Wasser wirken auf unser Klima.

Klimaausgleich – Wind und Wasser

Das Wetter kommt aus Nordwest. Im Bayerischen Wald bringt im Winter der Ostwind Eiseskälte. An der See sind die Winter milder. Solche kurzen und prägnanten „Wetterregeln“ zeigen: Unser Klima wird entscheidend von Wind und Wasser geprägt.

Umverteilung

Die Sonne ist der „Motor“ der Klimamaschine Erde. Verschiedene „Rädchen im Getriebe“ **verteilen die einfallende Energie**. Hier spielen Wind und Wasser, **Atmosphäre** und **Hydrosphäre** eine wichtige Rolle.

Hoch und Tief

In der Atmosphäre laufen zahlreiche dynamische Vorgänge ab, die Wetter und Klima mit bestimmen. Einen wesentlichen Einfluss hat dabei der **Luftdruck**: Kalte Luft erzeugt wegen ihrer größeren Dichte einen hohen Luftdruck auf die Bodenoberfläche, warme einen niedrigen, tiefen Luftdruck. Wo sich kalte Luft ansammelt, kann man deshalb **Hochdruckgebiete** erwarten, wird Luft stark erhitzt, entstehen **Tiefdruckgebiete**. Die Druckunterschiede werden ausgeglichen, indem Luft vom Hochdruckgebiet zum Tiefdruckgebiet fließt. Damit entsteht gleichzeitig **Wind**.

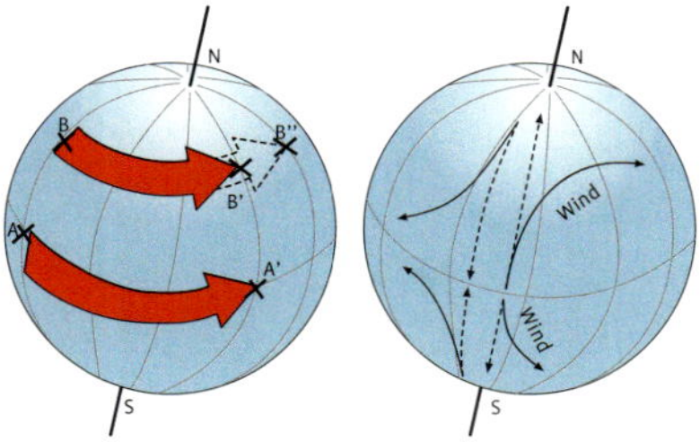

Die Corioliskraft wirkt, wenn sich Luftmassen in andere Breitengrade bewegen. Sie hat großen Einfluss auf die globalen Windsysteme und auf die Entstehung von Wirbelstürmen.

Globale Windsysteme

Ein Beispiel dafür sind die **Passat- und Antipassatwinde** um den Äquator (s. Abb. S. 32). Durch die starke Sonneneinstrahlung am Äquator steigen Luftmassen auf, es bildet sich die **Innertropische Tiefdruckrinne** oder **Konvergenz** (ITC). Die aufsteigende Luft regnet über den Tropen ab und sinkt bei etwa 30° nördlicher bzw. südlicher Breite wieder nach unten. Hier bildet sich eine Zone mit beständigen Hochdruckgebieten (**subtropischer Hochdruckgürtel** oder Rossbreiten). Für den Ausgleich des Druckgefälles spielt nun Wind eine wichtige Rolle. Die Passatwinde strömen dabei aus nordöstlichen bzw. südöstlichen Richtungen auf den Äquator zu. Die Luft weicht nach oben hin aus und fließt in großer Höhe in

Die Corioliskraft

Sie entsteht durch die Erdrotation und prägt die globalen Luftmassenbewegungen der Erde, aber auch die Meeresströmungen. Durch die Kugelform der Erde bewegen sich Orte verschiedener Breitengrade unterschiedlich schnell. Ein Punkt am Äquator bewegt sich mit 1667 km/h von West nach Ost (A>A'), zu den Polen hin nimmt die Geschwindigkeit aufgrund des geringeren Erdumfangs ab (B>B'), bis sie direkt an den Polen 0 beträgt. Wenn nun ein Luftpaket seine geografische Breite verlässt, behält es seine Geschwindigkeit bei. Strömt es vom Äquator nach Norden, gelangt es in Breiten, die sich langsamer bewegen als seine Herkunftsregion. Das Luftpaket bewegt sich also schneller als die Erde unter ihm. Es gewinnt gegenüber der Erde einen Vorsprung (B'') und wird damit nach Osten abgelenkt. Strömt es auf der Nordhalbkugel nach Süden, gelangt es in schnellere Regionen, ist selbst langsamer und wird nach Westen abgelenkt. Auf der Südhalbkugel verhält es sich jeweils umgekehrt. Durch diese Ablenkung können Druckgegensätze erst allmählich ausgeglichen werden und bleiben so oft über Tage oder sogar Wochen bestehen.

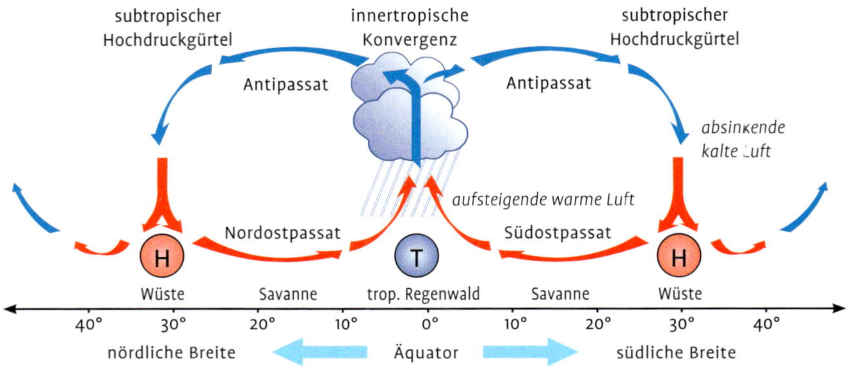

Luftmassen, die am Äquator aufsteigen, sind Ausgangspunkt des Kreislaufs von Passat- und Antipassatwinden.

Richtung der Pole zurück (Antipassate). Durch die schraubenartige Luftbewegung wird aus der äquatornahen Wärmeüberschusszone Warmluft nach Norden bzw. Süden getragen und von dort kühlere Luft angesaugt. Global betrachtet lassen sich weitere großräumige Drucksysteme erkennen, die sich im Norden bzw. Süden an die ITC und den subtropischen Hochdruckgürtel anschließen. Bei 60°N und 60°S treffen warme und kalte Luftmassen aufeinander, die warme Luft steigt auf, es entstehen Tiefdruckgebiete, die sich aufgrund der **Corioliskraft** (> Kasten) nach Osten bewegen (**Westwinddrift**). Um die Pole sinkt die Luft wieder ab und erzeugt dort Hochdruckgebiete (**polares Hoch**). Darüber hinaus bilden sich bedingt durch die Land-/ Wasserverteilung auch so genannte **thermische Drucksysteme**. So heizt sich das südliche Asien im Sommer stark auf, Ergebnis ist ein beständiges Hitzetief. Im Winter kommt es durch die extreme Abkühlung über Asien zu einem massiven Kältehoch, das oft fast den ganzen Kontinent erfasst. Gleiches gilt für die Polarregionen.

Jahreszeitlich bedingt schwenkt die Innertropische Konvergenzzone auch teilweise aus ihrer äquatornahen Lage aus. So zieht im Sommer das asiatische Hitzetief die ITC nach Norden über den indischen Subkontinent hinweg. Dadurch überqueren die Süd-ost-Passate den Äquator und werden durch die Wirkung der **Corioliskraft** zu Südwest-Winden. Vollgesogen mit der Feuchtigkeit aus dem Indischen Ozean driften sie gegen den Himalaya und sorgen dort relativ regelmäßig für ergiebige Regenfälle – den **Monsun**.

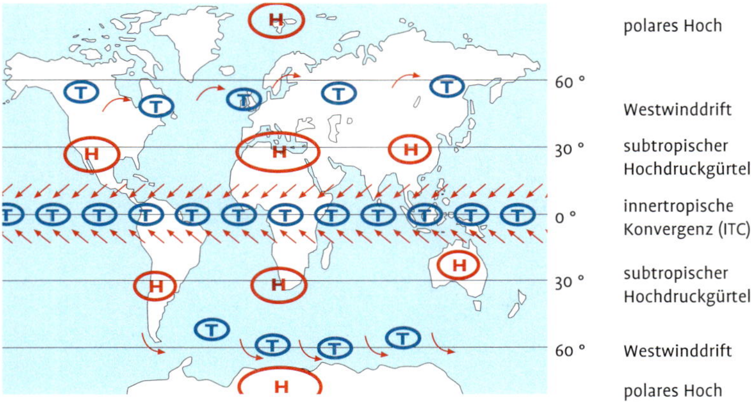

Ausgehend von der Innertropischen Konvergenzzone (ITC) bilden sich nördlich und südlich des Äquators verschiedene Drucksysteme.

Die Rolle der Ozeane

Nicht nur die globalen Windsysteme sorgen für die Verteilung von Energie, vor allem die **Ozeane** sind hier von Bedeutung. Neben ihrer Funktion beim **großräumigen Wärmeaustausch** beeinflussen sie auch den **CO_2-Gehalt der Atmosphäre**. Zum einen geschieht dies durch **direkte Aufnahme von CO_2** aus der Luft, wobei kaltes Wasser mehr CO_2 speichern kann als warmes. So nimmt das kalte, absinkende Meerwasser in der See um Grönland und der Antarktis große Mengen gelöstes CO_2 mit in die Tiefe und speichert es dort für mehrere hundert Jahre. Zum anderen **entzieht das Phytoplankton dem Meerwasser bei der Fotosynthese CO_2** und dadurch indirekt auch dem atmosphärischen Kreislauf (S. 45).

Das Große Marine Förderband

Der großräumige Wärmeaustausch erfolgt über das **Große Marine Förderband**, das die drei Weltmeere (Atlantik, Pazifik und Indischen Ozean) miteinander verbindet (s. Abb. S. 35). Ausgangspunkt für dieses globale Strömungssystem ist die **starke Verdunstung in der Karibik**. Der dabei entstehende Wasserdampf wird vom Nordostpassat über die schmale mittelamerikanische Landbrücke westwärts in den pazifischen Raum exportiert. Der Atlantik erhält für diesen Verlust an Süßwasser allerdings **keinen Ausgleich**, denn weiter nördlich, im Bereich der Westwinde, stoppen die **Rocky Mountains** einen möglichen „Wolken"-Rücktransport. Dies führt dazu, dass der Salzgehalt (**Salinität**) und damit auch die Dichte des Was-

sers in der Karibik höher sind als in anderen Ozeanen. Der **Nordatlantikstrom** (ein Teil davon ist der Golfstrom) und vorherrschende Westwinde transportieren das salzreiche Oberflächenwasser der Karibik in die See zwischen Grönland und Norwegen. Dort kühlt es ab, wird schwerer und sinkt in die Tiefe. Das absinkende Wasser und der dabei entstehende Sog ziehen wiederum salzreiche Wassermassen aus der Karibik an und halten die **Wärmepumpe** am Laufen. Da in den Polargebieten Meerwasser zu Eis friert, erhöhen sich Salzgehalt und Dichte zusätzlich und verstärken diesen Effekt. Unterschiede in Temperatur und Salinität bewirken also zusammen die **thermohaline** – von griechisch „thermos" (Wärme) und „halos" (Salz) – **Zirkulation** der Wassermassen.

Als nordatlantisches Tiefenwasser fließt der Strom dann nach Süden und gelangt größtenteils in den **antarktischen Zirkumpolarstrom** – dem einzigen Strömungssystem der Welt, das ungehindert durch kontinentale Barrieren die ganze Erde im Kreis umfließt. Von dort wird das Wasser als kalte Tiefenströmung im Indischen und Pazifischen Ozean verteilt.

Die Klimawirksamkeit des Globalen Marinen Förderbandes ist beträchtlich. Der „warme" **Nordatlantikstrom** verschafft West- und Nordeuropa ein **deutlich milderes Klima**, als es die geografische Breite erwarten ließe (Frankfurt/M liegt auf der gleichen Breite wie Neufundland). Im Mittel liegt die Temperatur von Nordwest-Europa um 9 °C über den Werten anderer Orte der Welt mit vergleichbarer geografischer Breite!

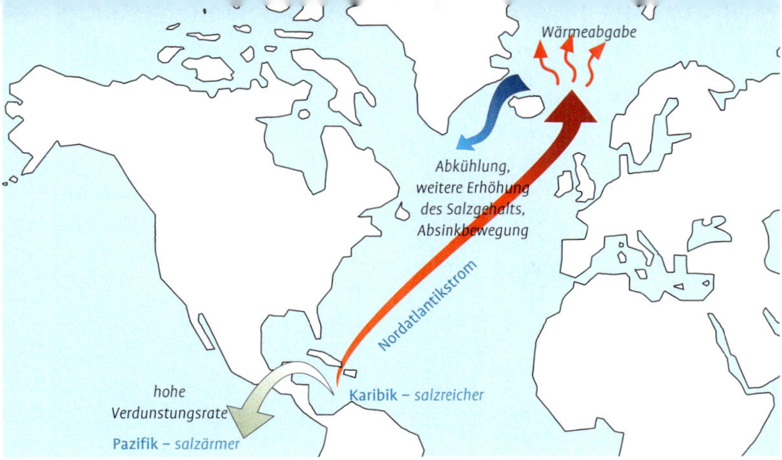

Die thermohaline Zirkulation ist Ausgangspunkt des großen marinen Förderbandes.

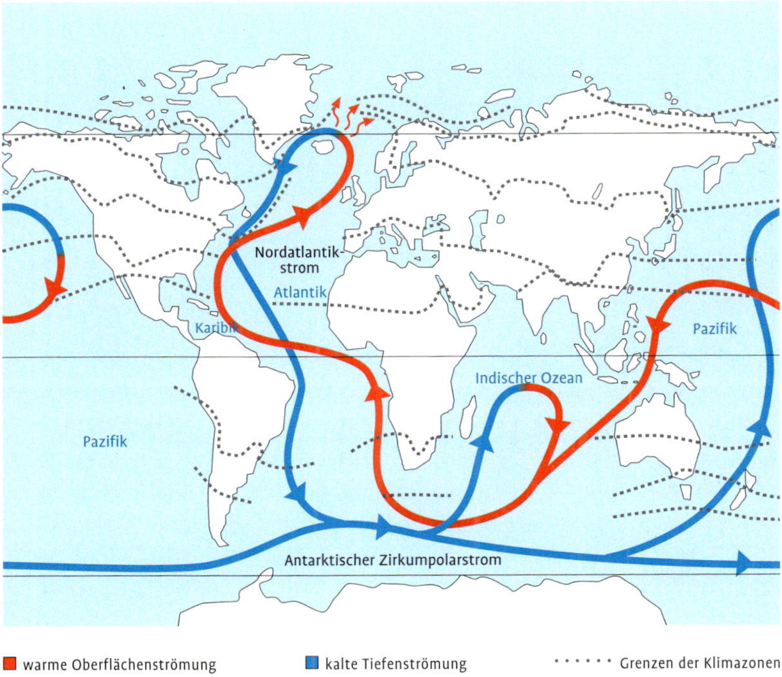

Das Große Marine Förderband zirkuliert zwischen den Weltmeeren.

Ein Spiel mit Wechselwirkungen

In der Vergangenheit haben Änderungen der Meeresströmungen oft massive Auswirkungen auf das Klimageschehen gehabt. Die Abschwächung des Nordatlantikstroms nach der letzten Eiszeit ist dafür ein Beispiel (S. 59 f.).
Ein weiteres ist die Entstehung des **antarktischen Zirkumpolarstromes**, die auch sehr eindrucksvoll dokumentiert, wie sich verschiedene Effekte in der komplexen Klimamaschine Erde gegenseitig bedingen bzw. verstärken: Durch die Loslösung von Australien und Südamerika war die Antarktis vermutlich vor ca. 30 Mio. Jahren vollständig vom Südpolarmeer umschlossen. Angetrieben von den vorherrschenden Westwinden entstand darin der Zirkumpolarstrom, der die Antarktis seitdem im Uhrzeigersinn umströmt und den Austausch mit wärmeren Gebieten unterbindet. Diese thermische Isolation führte zunächst zur Vereisung des gesamten Kontinents. Die großen Schnee- und Eisflächen reflektierten in der Folge das einfallende Sonnenlicht fast vollständig (hohe Albedo, S. 27). Dadurch sank die von der Erde insgesamt aufgenommene Strahlungsenergie, was zu einer weltweiten Abkühlung führte. Diese wiederum zog in Kombination mit dem wachsenden Eispanzer eine Temperaturabnahme im Südpolarmeer nach sich. Da kaltes Wasser aber mehr CO_2 aufnehmen kann als warmes, reduzierte sich der CO_2-Gehalt der Atmosphäre, was die Abkühlung nochmals verstärkte.

Das Wichtigste in Kürze

- Globale Windsysteme und Meeresströmungen sorgen für den Austausch von Wärme zwischen den Tropen und den höheren Breiten.
- Das Große Marine Förderband, das die drei Weltmeere verbindet, spielt dabei eine entscheidende Rolle. Teil des Förderbandes ist der Nordatlantische Strom, der West- und Nordeuropa ein vergleichsweise mildes Klima beschert.
- Änderungen der atmosphärischen Zirkulation wie auch der Meeresströmungen können Klimaänderungen nach sich ziehen.

Klimafaktor Verwitterung.

Klima in Bewegung

Dass Windsysteme und die Weltmeere für das Klima von Bedeutung sind, leuchtet ein. Was aber die Erdkruste mit dem Klima zu tun hat, wird oft erst auf den zweiten Blick verständlich. Der scheinbar so sichere Grund unter unseren Füßen unterliegt dabei ständiger Veränderung. Und mit ihm das Klima.

Dem Klima auf den Grund gehen

Sowohl die **Litho-** (Gestein) als auch die **Pedosphäre** (Böden) stehen im ständigen Austausch mit den anderen Komponenten der Klimamaschine Erde. Entscheidende Faktoren dieses meist über große Zeiträume wirkenden Wechselspiels sind Verwitterungsprozesse, Vulkanismus und plattentektonische Vorgänge.

Verwitterung – CO_2 im Kreislauf

Eine wichtige Rolle für das Klima spielt der **globale Kohlenstoffkreislauf**. Er besteht aus einem von Lebewesen dominierten Teil, bei dem das atmosphärische Kohlendioxid mit organisch gebundenem Kohlenstoff in Wechselwirkung steht (S. 44 ff.), und dem von Verwitterungsprozessen geprägten Silikat-Karbonat-Kreislauf. Wird dabei der Atmosphäre Kohlen-

Asche als Sonnenschirm

Beim Ausbruch des Pinatubo 1991 auf den Philippinen wurden Asche und Gase bis in eine Höhe von 24 Kilometern geschleudert. Durch diesen Vulkanausbruch sank die globale Durchschnittstemperatur für etwa zwei Jahre um 0,5°C.

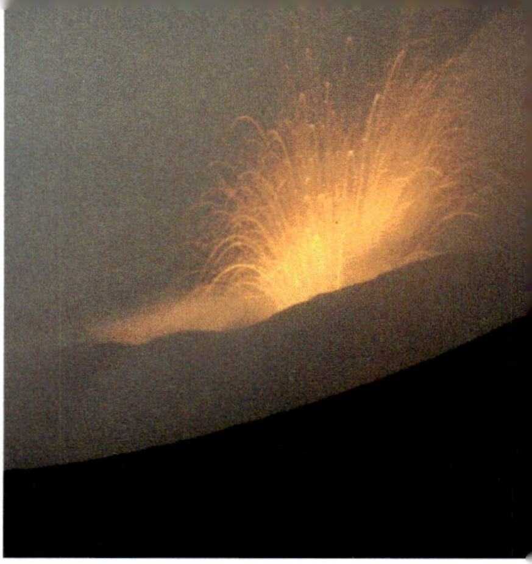

Klimafaktor Vulkanismus.

stoff in größerem Maße entzogen und über lange Zeiträume in Kohlenstoffsenken bzw. -speichern gebunden, wirkt sich dies auf den CO_2-Gehalt und damit auf das Klima aus. Neben der **Silikat-Karbonat-Verwitterung** ist dabei die Bildung von **Kohle** zu nennen (S. 45 f.).
Die heutigen Braun- und Steinkohlelager speichern zusammen mit den Kalkgesteinen und Meeressedimenten den größten Teil des irdischen Kohlenstoffs (99,8 %).

Vulkane heizen ein ...

Vulkanismus führt den im Untergrund gespeicherten Kohlenstoff wieder **zurück in die Atmosphäre**. Zeiten mit

Das Wichtigste in Kürze

- Durch Verwitterung und die Bildung von Kohle und Öl wird Kohlenstoff z. T. über lange Zeiträume hinweg in Meeressedimenten und fossilen Lagerstätten gespeichert und so der Atmosphäre entzogen.
- Ausgeprägter Vulkanismus führt durch die Freisetzung von Kohlendioxid zur Klimaerwärmung. Ein dadurch intensivierter Wasserhaushalt verstärkt allerdings in der Folge Verwitterungs- und Abtragungsprozesse, es kühlt wieder ab.
- Die Erde ist ständig in Bewegung. Die Wanderung der Kontinente im Laufe der Erdgeschichte führte zu Veränderungen der atmosphärischen und ozeanischen Zirkulationen mit entsprechenden klimatischen Auswirkungen.

Der Silikat-Karbonat-Kreislauf

Bei der Verwitterung von silikathaltigem Gestein (z. B. Feldspat) werden in einer mehrstufigen chemischen Reaktion Silizium und Kalzium gelöst. Dabei wird der Atmosphäre CO_2 entzogen.
Die vereinfachte chemische Formel für diesen Vorgang lautet: $2CO_2 + H_2O + CaSiO_3 \text{->} Ca_2\text{+} + 2HCO_3\text{–} + SiO_2$. Das gelöste Silizium wird entweder im Boden in Tonminerale eingebaut oder lagert sich als Quarzsediment (SiO_2) in Gewässern ab. Die übrigen Verwitterungsprodukte (Ca_2+ und $2HCO_3$–) gelangen über die Flüsse in die Ozeane, wo sie von Meeresorganismen zum Aufbau ihrer Kalkschalen und -skelette benutzt werden ($Ca_2\text{+} + 2HCO_3\text{–} \text{->} CaCO_3 + CO_2 + H_2O$).
Nach dem Absterben dieser Organismen sinken die Kalkschalen und -skelette dann als Sedimente auf den Meeresgrund.
Da bei der Verwitterung des Silikatgesteins zwei Moleküle CO_2 aus der Atmosphäre „verbraucht" werden, bei der Bildung der Kalkschalen aber nur ein Molekül wieder freigesetzt wird, transportiert die Silikat-Verwitterung Kohlenstoff aus der Atmosphäre als Karbonat bzw. Kalksediment auf den Meeresboden. Dort bleibt der Kohlenstoff dann so lange gespeichert, bis er durch Plattentektonik und Vulkanismus irgendwann wieder in Form von CO_2 in die Atmosphäre gelangt und sich der Kreislauf schließt.

verstärktem Vulkanismus sind daher – als Folge der damit verbundenen erhöhten Ausgasung von Kohlendioxid, Methan und Wasserdampf – außergewöhnlich warme Zeiten.

... oder kühlen ab

Wie der Blick in die Erdgeschichte zeigt, war mit intensivem Vulkanismus oft auch die Auffaltung großer Gebirgsketten verbunden. Die Temperaturerhöhung durch die Freisetzung von Treibhausgasen führte zugleich zu einer **Intensivierung des Wasserkreislaufes** (höhere Verdunstung, mehr Wasserdampf, mehr Niederschläge). Dies wiederum beschleunigte die **Verwitterung** und **Erosion** dieser Gebirge. Durch die Silikat-Karbonat-Verwitterung wurde der Atmosphäre CO_2 entzogen – langfristig mit dem Ergebnis einer **globalen Abkühlung**. Durch dieses Wechselspiel von Vulkanismus und Verwitterung kam es im Verlauf der Erdgeschichte häufig zu einem Auf und Ab zwischen warmen und kalten Phasen (S. 52 ff.). Aber auch kurzfristig können Vulkanausbrüche abkühlende

Kambrium v. 500 Mio. Jahren

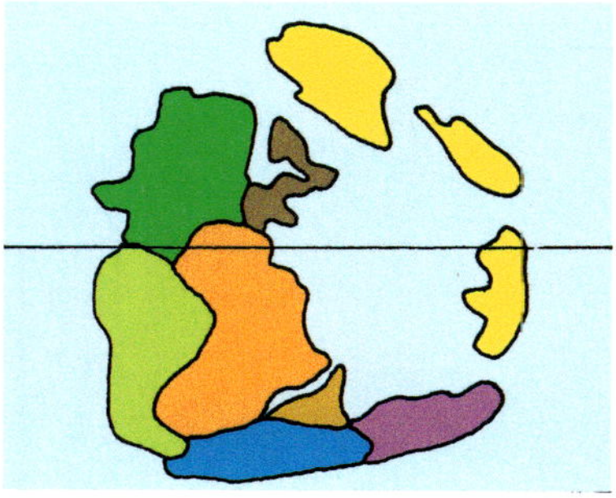

Perm v. 255 Mio. Jahren

Kontinentalbewegung: Die Verschiebung der Kontinente wirkt sich auf das Klima aus.

Verteilung der Kontinente heute

Wirkung haben: Durch die Eruption werden Asche und Gase oft mehrere Kilometer hoch in die Atmosphäre geschleudert. Gase wie Schwefeldioxid können, wenn sie in bestimmte Höhen gelangen, Aerosole bilden, die dann die Sonneneinstrahlung vermindern und zu einer Abkühlung führen.

Bewegte Erde – bewegtes Klima

Die **Gestalt der Erdoberfläche** hat sich im Laufe der Erdgeschichte **ständig verändert**. Nach der Theorie der Kontinentaldrift befanden sich Teile der heutigen Kontinente in bestimmten Phasen der Erdgeschichte in Polnähe, was zu großflächigen Vereisungen führte. In anderen Phasen lag z. B. „Mitteleuropa" in Äquatornähe – mit entsprechenden klimatischen Auswirkungen. Auch die Land-Wasser-

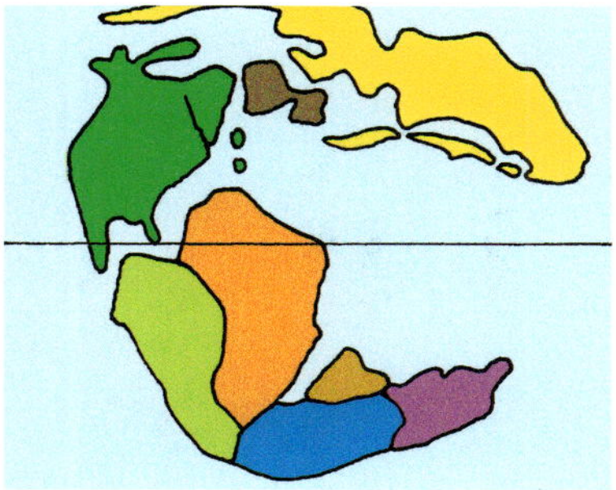

Jura v. 150 Mio. Jahren

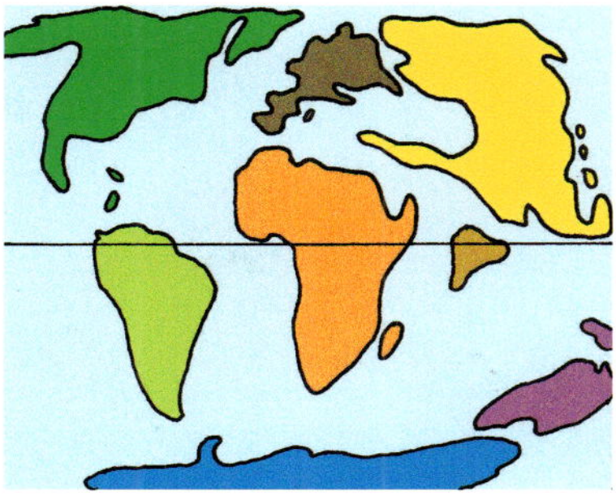

Eozän v. 35 Mio. Jahren

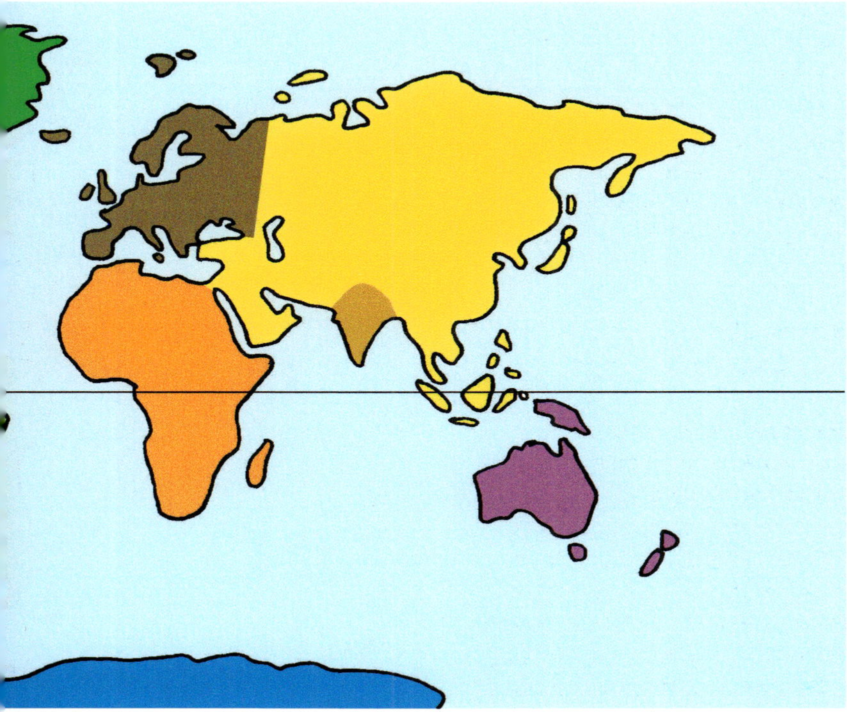

Quelle: vereinfacht nach www.geologieinfo.de

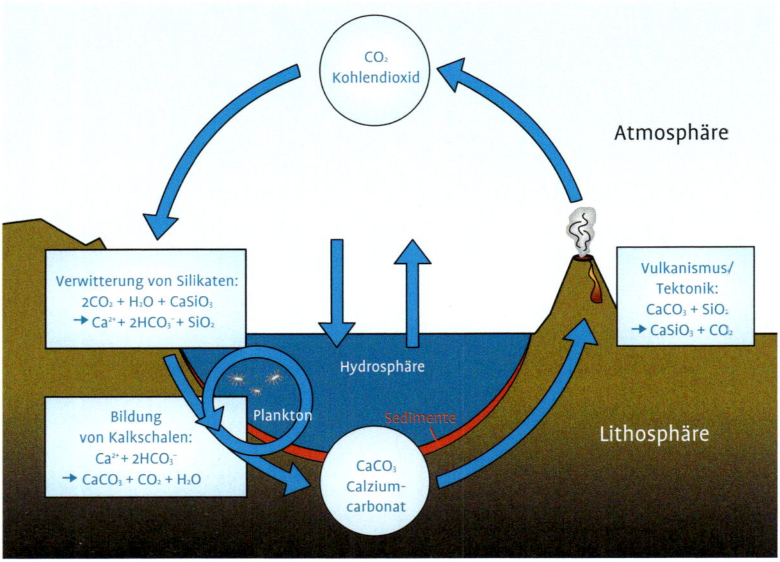

Silikat-Karbonat-Kreislauf

verteilung veränderte sich dadurch immer wieder und beeinflusste so das Klima (S. 52 ff.), wie folgende Beispiele zeigen: Vor vermutlich ca. 290 Mio. bis 250 Mio. Jahren (Perm/Trias) gab es auf der Erde nur eine einzige große Landmasse, den Megakontinent Pangäa. Die dadurch stark vereinfachte Zirkulation der Meeres- und Luftströmungen führte zusammen mit der großen Landfläche zu einem insgesamt sehr warmen Kontinentalklima. Einen abkühlenden Effekt hatte dagegen die Wanderung der Kontinente in ihre heutige Lage bis vor ca. 3–2 Mio. Jahren. Sie setzte das Große Marine Förderband in Gang, wie wir es heute kennen.

Eisbären sind bestens auf das arktische Klima eingestellt.

Klima und Leben

Eisbären leben am Nordpol. Und Straßencafés sind eine südländische Erfindung. Leben reagiert auf Klima – und umgekehrt?

Lebewesen passen sich an

Das Leben auf der Erde wird entscheidend durch das Klima geprägt. Forscher vermuten, dass es Klimaänderungen waren, die im Verlauf der Erdgeschichte bestimmte Entwicklungsschübe begünstigten oder zum Aussterben ganzer Tier- und Pflanzengattungen führten.
Wie sich Tiere und Pflanzen an das Klima anpassen, können wir heute überall auf der Erde beobachten. Zum Beispiel sind Tiere kälterer Regionen in der Regel größer als ihre vergleichbaren Verwandten wärmerer Gefilde (günstigeres Verhältnis Volumen zu Oberfläche). So werden Eisbären oder die Braunbären Alaskas deutlich größer als Bären in anderen Teilen der Welt. Auch die großen Wanderbewegungen bei vielen Tierarten sind klimabedingt, z. B. der Vogelzug. Pflanzen überdauern Trockenperioden, indem sie Wasser speichern, wie Kakteen, oder ihre Blätter abwerfen. Und auch Menschen haben sich an die verschiedensten klimatischen Bedingungen

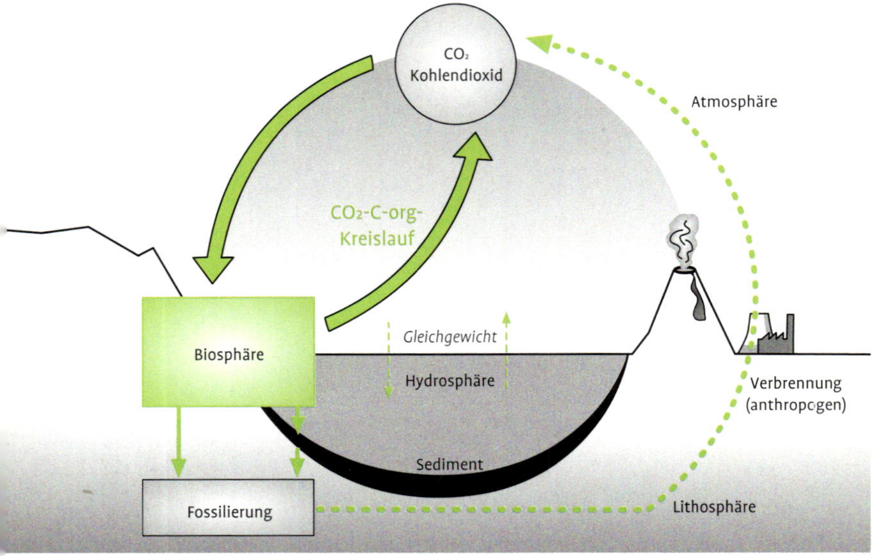

Kohlenstoffkreislauf.

angepasst. Man denke an die Nomadenvölker in den Steppengebieten. Umgekehrt beeinflussen aber auch Lebewesen das Kima – und zwar erheblich.

Lebewesen binden CO_2

CO_2 ist in einen **Kreislauf** eingebunden, bei dem neben Tektonik, Vulkanismus und Silikat-Karbonatverwitterung (S. 39) Lebewesen eine wichtige Rolle spielen.

Das Wichtigste in Kürze

- Lebewesen werden durch das Klima geprägt, beeinflussen andererseits aber auch das Klima.
- Über den Kohlenstoffkreislauf sind die Lebewesen mit dem atmosphärischen CO_2 verbunden. Normalerweise wird der von den Organismen aufgenommene Kohlenstoff bei deren Tod wieder freigesetzt, es sei denn, er wird durch Ablagerung in Meeressedimenten (Plankton) oder in fossilen Lagerstätten (Kohle, Erdöl, Erdgas) dem Kreislauf langfristig entzogen.
- Auch die Vegetation der Erdoberfläche wirkt – indem sie mehr absorbiert oder mehr reflektiert – auf das Klima ein (Albedo).

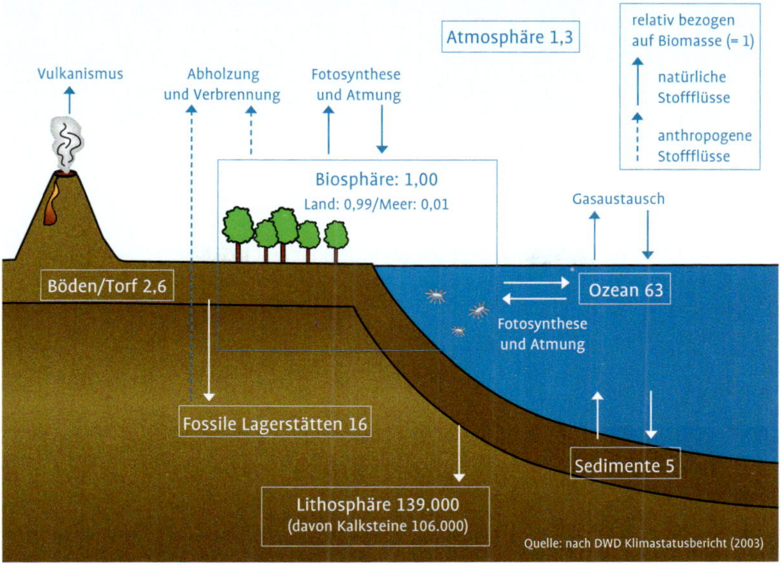

Verteilung des Kohlenstoffs auf der Erde.

So binden Pflanzen Kohlendioxid durch den Vorgang der **Fotosynthese**, **Meeresorganismen bauen Kohlenstoff in ihre Schalen ein** und auch Knochen von Landtieren und Menschen enthalten Kohlenstoff (C-org). In der Regel wird nach dem Tod von Organismen der in ihnen gespeicherte Kohlenstoff durch Zersetzung zum Großteil wieder als CO_2 in die Atmosphäre abgegeben (CO_2-C-org-Kreislauf) – es sei denn, dieser Vorgang wird unterbunden. So sind Kieselalgen, die drei Viertel des **Phytoplanktons** der Ozeane ausmachen, für das Klima von größter Bedeutung, weil nach ihrem Absterben die Skelette mit dem darin enthaltenen Kohlenstoff im Meeressediment versinken (S. 39). Andere Beispiele für die langfristige Bindung von Kohlenstoff aus CO_2 sind Kohle, Erdöl und Erdgas.

Speicher aus der Vergangenheit

Die fossilen Lagerstätten von Kohle, Erdöl und Erdgas bestehen aus Resten von Lebewesen früherer Zeiten der Erdgeschichte. Bei ihrer Entstehung spielten neben der Zersetzung unter Luftabschluss die Überlagerung mit Deckmaterial, hoher Druck sowie hohe Temperaturen eine Rolle. **Kohle** ist dabei aus Sumpfwäldern entstanden, die einst riesige Landflächen

Bäume nehmen beim Wachstum CO_2 aus der Atmosphäre auf und speichern es in ihrem Holz. Bei der Zersetzung toter Bäume wird es wieder frei – ebenso bei der Verbrennung.

bedeckten. **Erdöl** entstand aus Meeresablagerungen, die überwiegend aus toten tierischen und pflanzlichen Kleinstorganismen (Plankton) bestanden.
Erdgas ist einerseits ein Spaltprodukt aus Kohle und Erdöl, gebildet in mehreren 1000 Metern Tiefe unter hohen Temperaturen. Andererseits entstand es in weit geringerer Tiefe unter dem Einfluss von Bakterien aus organischen Resten.
Kohle, Erdöl und Erdgas sind also **fossile Biomasse aus längst vergangenen Zeiten**. Der darin gespeicherte Kohlenstoff gelangt heute als CO_2 wieder zurück in die Atmosphäre, wenn diese Stoffe an die Oberfläche gefördert und zur Energiegewinnung verbrannt werden.

Der Einfluss der Pflanzendecke

Die unterschiedlichen Vegetationstypen der Erde reflektieren bzw. absorbieren die Sonnenstrahlung unterschiedlich stark (Albedo-Effekt). Damit haben sie einen gewissen Einfluss auf den Strahlungshaushalt und somit das Klima der Erde (siehe auch Seite 25 ff.). So wird vermutet, dass vor ca. 5 Mio. Jahren Veränderungen in der Vegetationsdecke mit zur fortschreitenden Abkühlung und permanenten Vereisung der nördlichen Hemisphäre beitrugen. Dabei wurden im Norden Wälder (niedrige Albedo) durch Tundren mit höherer Albedo ersetzt, im Inneren der Kontinente kam es zu einer Ausbreitung von Steppen und Wüsten (hohe Albedo).

Klimaphänomene und Klimaextreme

In der Antike hielt man den Wind und andere meteorologische Phänomene für Gottheiten – unheimlich und unberechenbar. Doch auch wenn heute vieles erklärbar ist, die Unberechenbarkeit bleibt.

Ausreißer bestätigen die Regel

Klima wird aus den Wetterbeobachtungen eines vergleichsweise langen Zeitraums ermittelt. Kurzfristig auftretende Wetterbesonderheiten fallen dabei über die Zeit gesehen wenig ins Gewicht. Trotzdem sind solche Besonderheiten oder auch Extreme für bestimmte Klimazonen, wie etwa die Tropen, typisch.
Im „gemäßigten" Mitteleuropa sind diese Ereignisse dagegen eher selten.

Vom Wind zum Sturm

Bestimmte topografische Besonderheiten lassen regionale Winde entstehen, so z. B. in den Alpen den Föhn, im Rhônetal den Mistral und über dem Mittelmeer den Schirokko, einen heißen Wüstenwind aus der Sahara. Sind die Luftdruckunterschiede sehr groß, können Winde zu Stürmen anwachsen und dabei erhebliche Schäden anrichten. In Mitteleuropa sind das **Orkane**. Sie sind in Stärke und Intensität allerdings nicht vergleichbar mit **tropi-**

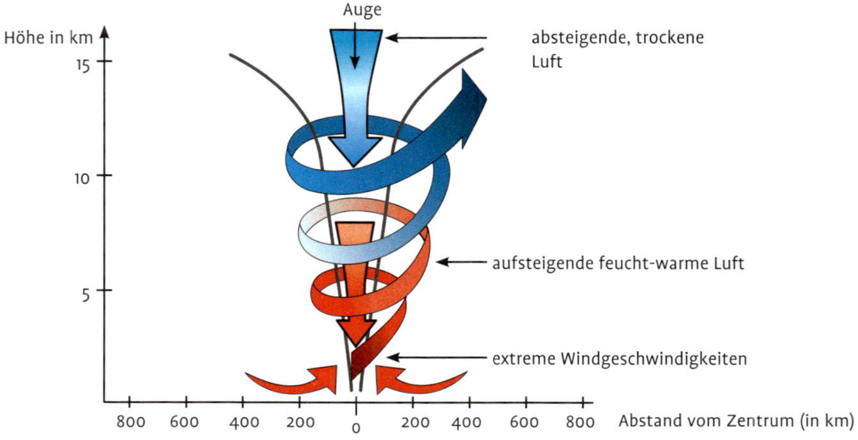

Quelle: nach Häckel (2005)

Entstehung eines Wirbelsturms: Grundvoraussetzung sind mindestens 26 °C Wassertemperatur und der Einfluss der Corioliskraft.

schen Wirbelstürmen, die für ihre Entwicklung **warme Meeresflächen** benötigen. Denn erst ab ca. 26 °C verdunstet genügend Wasser und steigt anschließend so schnell in die Höhe, dass ein spiralförmiger Wirbel, ein **Zyklon** entsteht. Solche Bedingungen finden sich regelmäßig im Spätsommer über dem Westatlantik, dem Pazifik und dem Indischen Ozean unterhalb des 20. Breitengrades.
Für die Drehbewegung des Zyklons sorgt die Corioliskraft (S. 31). Weil sie am Äquator nicht bzw. nur sehr gering wirkt, entwickeln sich tropische Wirbelstürme erst ab etwa dem 5. Grad nördlicher oder südlicher Breite.
Bei einer Wassertemperatur von 34 °C kann ein **Zyklon** – im Atlantik **Hurrikan**, im Westpazifik **Taifun** genannt – Windgeschwindigkeiten von bis zu 380 Stundenkilometern erreichen und beim Landfall entsprechend verheerende Verwüstungen anrichten. In der Regel löst er sich über dem Festland mit starken Regenfällen auf, da der

Das Wichtigste in Kürze

- Zu den Klimaextremen gehören tropische Wirbelstürme, für deren Entstehung warme Meeresgebiete notwendig sind.
- Das Klimaphänomen El Niño an der peruanischen Pazifikküste beeinflusst Gebiete in Südostasien und wahrscheinlich bis ins südliche Afrika.
- Ähnlich großräumige Klimaphänomene sind mit der Nordatlantischen Oszillation auch im Nordatlantik bekannt.

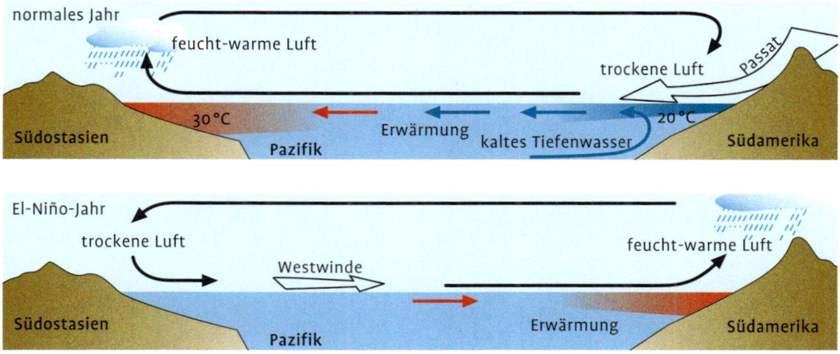

Klimaereignis El Niño: Die Windzirkulation über dem Pazifik ändert sich.

Nachschub an feuchter Luft fehlt. Für die Häufigkeit von Wirbelstürmen im Atlantik lässt sich ein temperaturabhängiger Zyklus (**Atlantisch-multidekadische Oszillation**, AMO) erkennen. Der Zyklus weist zwei Phasen auf, die gesamte Schwingungsperiode beträgt ca. 65 Jahre. Zurzeit befinden wir uns in der Phase mit überdurchschnittlich warmen Wassertemperaturen.
Eine besondere Wettererscheinung mit verheerenden Auswirkungen sind **Tornados**. Charakteristisch ist ihre Form, die einem Elefantenrüssel gleicht. Der Rüssel misst im Durchmesser meist weniger als 100 m, hinterlässt am Erdboden aber eine Schneise der Verwüstung. Tornados entstehen, wenn extrem feuchte, labil geschichtete Warmluft von kalter, trockener Luft überstrichen wird. Aufgrund der topografischen Situation sind sie vor allem in Nordamerika häufig, im Schnitt werden in den USA pro Jahr ca. 700 solcher Stürme gemeldet. Tornados können aber auch in Mitteleuropa auftreten, Ende März 2006 richtete ein Tornado in Hamburg schwere Schäden an, im Juli 2004 warf ein Tornado im Duisburger Hafen Ladekräne um.

Das „Christkind“

Peruanische Fischer beobachteten schon lange, dass sich das Oberflächenwasser vor der Pazifikküste Perus alljährlich zur Weihnachtszeit aufwärmt, was meist auch das Ende der Fischfangsaison markiert. Sie nannten dies „das Christkind“ (span. „El Niño“). Heute wird als **El Niño** nur noch eine übermäßig starke Erwärmung be-

Wetterextreme: Starkregen und Trockenzeiten.

zeichnet, die im Mittel etwa alle 3–7 Jahre auftritt und in der Regel ein Jahr anhält. Mit dem El-Niño-Ereignis verbunden sind Veränderungen in der Niederschlagsverteilung der Tropen mit Dürren in Südostasien und Überschwemmungen im westlichen Südamerika.

In „normalen“ Jahren treibt der Südost-Passat kaltes, nährstoffreiches Tiefenwasser von der peruanischen Küste nach Westen. An der Oberfläche erwärmt sich das Wasser und die darüber liegende Luft nimmt die verdunstende Feuchtigkeit auf. Im australisch-indonesischen Raum steigt die feuchte Luft dann auf und führt zu starken Niederschlägen. Die Luft fließt in großer Höhe zurück nach Osten und führt beim Absinken über der südamerikanischen Westküste zu einem dort sehr trockenen Klima.

Bei einem El-Niño-Ereignis kommt es durch eine Veränderung der Luftdruckgegensätze zu einem **Abflauen der Passatwinde**. Der Auftrieb des kalten Tiefenwassers vor Peru wird reduziert. Das Oberflächenwasser erwärmt sich deutlich, schließlich **kippt die gesamte Windzirkulation**: Warme Luft steigt über der südamerikanischen Küste auf und führt dort zu starken Niederschlägen, im Gegensatz dazu leiden Südostasien, Indonesien und Australien unter extremer Trockenheit.

La Niña („Das Mädchen“) tritt meist nach einem El-Niño-Ereignis auf und ist eigentlich eine verstärkte Phase des normalen Zustandes mit ungewöhnlich kühlen Temperaturen im Ost- und Zentralpazifik und erhöhten Niederschlägen über dem Westpazifik. El-Niño- bzw. La-Niña-Ereignisse strahlen weit über die genannten Re-

Quelle: nach www.espere.net (2004)

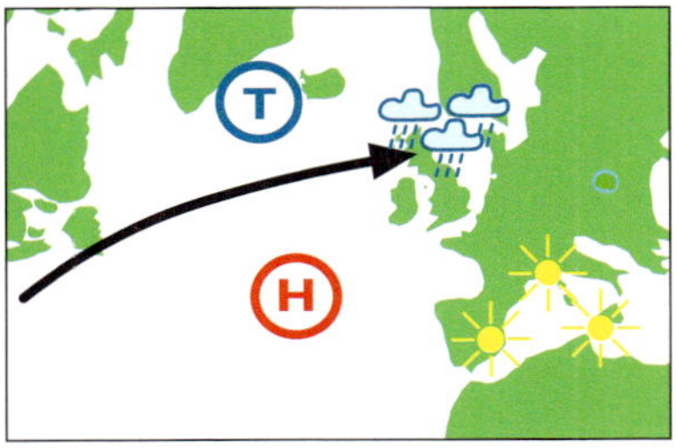

positiv

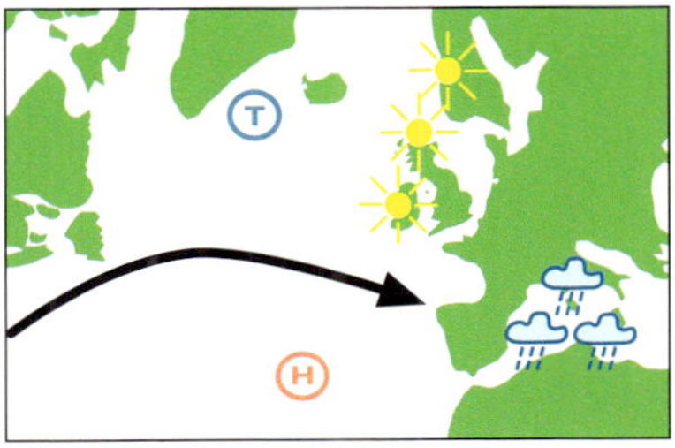

negativ

Die Nordatlantische Oszillation bestimmt die winterlichen Niederschlagsverhältnisse von Nord- bis Südeuropa. Je nach Ausprägung können sich Nord- oder Südeuropa über Sonne freuen.

gionen aus. Sie treffen die vom Fischfang abhängigen Küstenbewohner Perus, führen aber auch zu Missernten oder zur Ausbreitung von Tropenkrankheiten bis hinein ins südliche Afrika. Neuere Studien lassen sogar einen Zusammenhang zwischen El Niño und der Häufigkeit von tropischen Wirbelstürmen im Nordatlantik vermuten. Ein El-Niño-Ereignis würde demnach zu einer geringeren, La Niña zu einer überdurchschnittlichen Anzahl von Wirbelstürmen führen.

Island-Tief und Azoren-Hoch

Die **Nordatlantische Oszillation** (NAO) hat ihren Ursprung in Druckunterschieden zwischen den Azoren und Island. Sie hat zwei Phasen, die für typische vor allem winterliche Wetterbedingungen in der nordatlantischen Region sorgen. Bei positiven NAO-Bedingungen ist der Luftdruckgegensatz zwischen Azorenhoch und Islandtief größer als normal. Über dem Nord atlantik ist es sehr stürmisch, die Stürme bringen vergleichsweise warme, feuchte Luft nach Nordeuropa und sorgen für einen milden, niederschlagsreichen Winter. Im Mittelmeerraum dominiert kalte, trockene Luft. Bei einer negativen NAO ist der Druckgegensatz geringer als normal. Auf dem Nordatlantik entstehen nur wenige Stürme, die vor allem dem Mittelmeerraum feucht-warme Luft bringen. Weiter nördlich setzt sich dagegen sonniges, aber sehr trockenes und kaltes Wetter durch. Die NAO beeinflusst die landwirtschaftlichen Erträge, die Fischerei sowie die Wasser- und Energieversorgung.

Landpflanzen als Kohlenstoffspeicher und Klimafaktor

Blick zurück – Klimageschichte

Alligatoren in Kanada, Palmen in Sibirien und Badetemperaturen am Nordpol? Unser Klima war in der Vergangenheit offenbar immer wieder ganz anders als heute – und für Überraschungen gut.

Auf und Ab

Das Klima änderte sich im Laufe der Erdgeschichte immer wieder. **Sehr warme Phasen wechselten mit Zeiten ausgedehnter Vereisung ab**. Die verschiedenen Klimate der Erdgeschichte sind allerdings nicht direkt mit den heutigen Bedingungen vergleichbar, da sich wichtige Faktoren wie die Lage der Kontinente, die Höhe des Meeresspiegels oder die Zusammensetzung der Atmosphäre grundlegend gewandelt haben. Zudem lassen sich vor allem die weit zurückliegenden Phasen nur bedingt rekonstruieren.

Nachfolgend wird das Klimageschehen der Vergangenheit im Zeitraffer skizziert:

Atmosphärenwechsel – Erdaltertum

Im Erdaltertum (bis ca. 545 Mio. Jahren vor unserer Zeit) herrschten auf der Erde **extreme klimatische Bedin-**

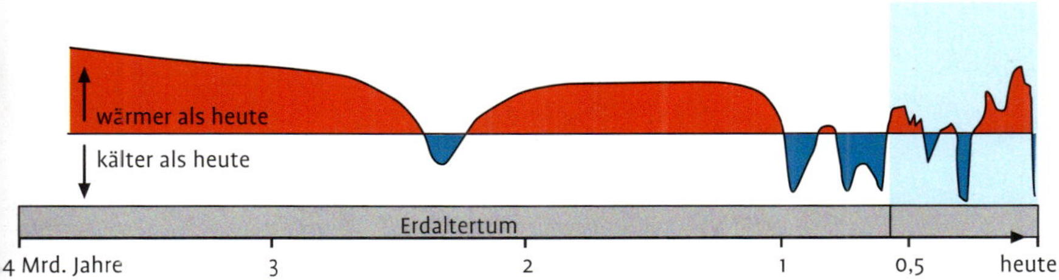

Quelle: nach www.hamburger-bildungsserver.de

4 Milliarden Jahre bis heute.

Die Erdgeschichte ist ein steter Wechsel wärmerer und kälterer Phasen. Im Erdaltertum pendelte das Klima zwischen „Super-Treibhaus" und „Schnellballerde" – extreme Bedingungen in einer Welt, die mit der heutigen nicht vergleichbar ist.

gungen. Die Entwicklung des Klimas wurde dabei vor allem durch den CO_2-Gehalt der Atmosphäre bestimmt. Astronomen gehen davon aus, dass unser Sonnensystem vor etwa 4,6 Milliarden Jahren aus einer rotierenden Gas- und Staubwolke entstand. Ursprünglich waren alle Planeten von Atmosphären umgeben. Während die großen äußeren diese aufgrund ihrer starken Schwerefelder bis heute halten konnten, verloren die inneren Planeten sowie die Erde ihre ersten Atmosphären. Ihre Gashülle entwich in den Weltraum.

Vor etwa 4 Mrd. Jahren bildete sich durch Ausgasungen erneut eine Atmosphäre um die Erde, die vor allem aus CO_2, Methan und Ammoniak bestand. Wahrscheinlich herrschte dadurch ein „Supertreibhaus-Klima" – mit Temperaturen von über 50 °C.

Vor 3,8 Mrd. Jahren begann sich in den Meeren – vermutlich in Form von Blaualgen – erstes Leben zu entwickeln. Indem die Blaualgen durch Fotosynthese CO_2 banden und Sauerstoff freisetzten, reduzierte sich der CO_2-Gehalt der Atmosphäre – und damit auch der Treibhauseffekt. Zusätzlich wurde CO_2 durch Verwitterung (S. 37 ff.) gebunden und so sanken die Temperaturen, bis sich in manchen Regionen sogar Eis bildete. Wahrscheinlich hat es zwischen 2,5 und 2,3 Mrd. sowie zwischen 900 und 600 Mio. Jahren vor unserer Zeit zwei große Vereisungsphasen gegeben. Manche Forscher sprechen sogar von einer „Schneeballerde". Infolge der Vereisung kamen die Fotosynthese

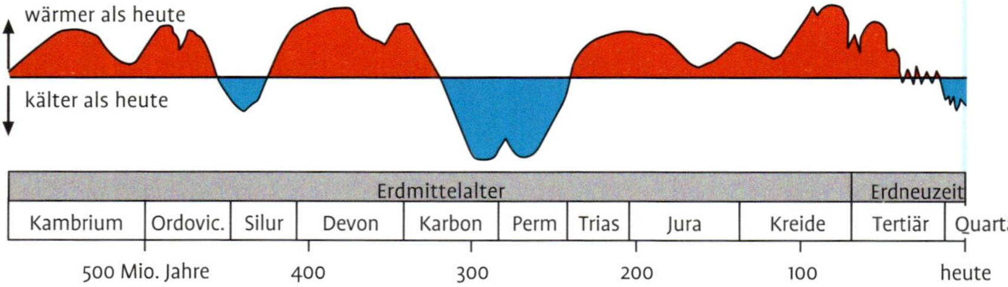

540 Millionen Jahre bis heute.

Auch im Erdmittelalter wechselten sich wärmere und kältere Perioden ab. Kontinentalverschiebung, Vulkanismus und der CO2-Gehalt der Atmosphäre waren die entscheidenden Klimafaktoren.

und die Verwitterung weitgehend zum Erliegen. Da durch Vulkanismus aber fortlaufend CO_2 zurück in die Atmosphäre gelangte, taute die Erde jedes Mal wieder auf.

Überwiegend warm – Erdmittelalter

Die Zeit vom Ende des Erdaltertums bis vor etwa 65 Mio. Jahren ist durch **drei warme** und **zwei kalte Klimaphasen** gekennzeichnet. Die entscheidenden Klimafaktoren waren dabei Tektonik, Vulkanismus sowie die Veränderung des CO_2-Gehalts im Wechselspiel mit der Vegetation einerseits und der Gesteinsverwitterung andererseits.

Von ca. 542 bis 488 Mio. Jahren vor unserer Zeit (Kambrium) war es bei hohem CO_2-Gehalt **wärmer als heute**. Durch die Wechselwirkung zwischen Kontinentaldrift und kalten sowie warmen Meeres- und Luftströmungen herrschte ein sich ständig wandelndes Klima. Leben existierte nur im Wasser. Vor etwa 440 Mio. Jahren (Ordovizium / Silur) kam es zu einer **Vereisungsphase**, die wahrscheinlich durch das Aufkommen erster Landpflanzen ausgelöst wurde. Durch Fotosynthese reduzierten diese den CO_2-Gehalt der Atmosphäre, was zu einem Temperaturrückgang und der Bildung einer dicken Polareisdecke führte. Durch das im Eis gebundene Wasser sank der Meeresspiegel um bis zu 100 Meter. Durch Vulkanismus **erhöhte sich** anschließend wieder der **CO_2-Gehalt** und mit ihm die **Temperaturen**, bis vor etwa 330 Mio. Jahren (Karbon) große Landflächen von tropischen

Tektonik und Verwitterung sind Klimafaktoren, die über sehr lange Zeiträume wirken.

Wäldern bedeckt waren. Der Kohlenstoff, den diese Pflanzen der Atmosphäre dabei kontinuierlich entzogen, wurde nach deren Absterben in großen Steinkohlelagern gebunden (S. 44 ff.). Der CO_2-Gehalt sank daraufhin. Da es sich zudem um eine Phase mit geringem Vulkanismus handelte, gab es eine **längere Kältephase** von etwa 80 Mio. Jahren Dauer.
Im Verlauf mehrerer Mio. Jahre verschmolzen dann sämtliche Kontinente zu einer einzigen Landmasse (dem Urkontinent Pangäa), was vor ca. 250 Mio. Jahren (Perm / Trias) zu einem **extremen Kontinentalklima** führte (S. 40 ff.). Der Meeresspiegel stieg um etwa 80 Meter über den heutigen Stand, im Schnitt war es **6–8°C wärmer als heute**. Ausgedehnte tropische Wälder, in denen die Dinosaurier herrschten, bedeckten den Riesenkontinent. Vor 200 Mio. Jahren (Jura) begann Pangäa auseinanderzubrechen. Der Atlantik entstand, Meeresströmungen und die atmosphärische Zirkulation änderten sich grundlegend. Das extreme Kontinentalklima wurde durch ein **warmfeuchtes, tropisches Klima** abgelöst, wobei die Warmperiode in der Kreide-Zeit vor etwa 100 Mio. Jahren ihren Höhepunkt erreichte.
Vor ca. 65 Mio. Jahren (Kreide/Tertiär) kam es dann zu einem **plötzlichen Klimawandel** mit einer deutlichen Abkühlung von Atmosphäre und Ozeanen sowie einem Absinken des Meeresspiegels. Diesem Einschnitt fielen über 70 Prozent aller Arten, vor allem aber die Dinosaurier zum Opfer. Die Ursache dieser **Klimakatastrophe** wird kontrovers diskutiert. Die gängigsten Erklärungen gehen heute vom

Änderungen der Meeresströmungen führten immer wieder zum Wechsel des Klimas. So hatte die Entstehung des antarktischen Zirkumpolarstroms vor 35 Mio. Jahren einen Temperatursturz zur Folge.

Einschlag eines riesigen Meteoriten aus. Durch seinen Aufprall sollen riesige Mengen Ruß, Asche und Gase in die Atmosphäre gelangt sein, die die Erde monate- oder sogar jahrelang verdunkelten. Mit diesem Ereignis endet das Erdmittelalter.

Tendenz abkühlend – Erdneuzeit

Die Erdneuzeit, von 65 Mio. Jahren vor unserer Zeit bis heute, ist nach einer erneuten wärmeren Phase durch einen **langfristigen Abkühlungstrend** gekennzeichnet. So sind die einst eisfreien Pole heute mit Eiskappen bedeckt. Dieses Eis reichte zwischenzeitlich – während der Eiszeiten – insbesondere auf der Nordhalbkugel weit nach Süden. Für diese Entwicklung werden verschiedene Faktoren verantwortlich gemacht: vom CO_2-Gehalt der Atmosphäre über Plattentektonik und Vulkanismus bis hin zu Schwankungen der Erdbahn.

Vor etwa 55 Mio. Jahren (Tertiär) ereignete sich erneut ein abrupter Klimawechsel. Innerhalb relativ kurzer Zeit kam es zu einer Temperaturerhöhung um 5–6 °C. Als Auslöser werden heute u. a. die Freisetzung von Methan aus dem Meeresgrund sowie eine erhöhte vulkanische Aktivität diskutiert. Die Hitzewelle hielt „nur" erdgeschichtlich relativ kurze 200.000 Jahre an. In dieser Zeit herrschten allerdings bis in hohe Breitengrade tropische Temperaturen: In der kanadischen Arktis lebten Alligatoren, auf der Halbinsel Kamtschatka wuchsen Palmen und die Wassertemperatur am Nordpol betrug etwa 20 °C.

Gletscher finden sich heute nur noch in den Polarregionen und Hochgebirgen.

Der Mann aus dem Eis

Vor etwa 5500 Jahren setzte zwischenzeitlich eine deutliche Abkühlung ein. Zeugnis für diesen Klimawandel ist der Gletschermann „Ötzi", der 1991 in den Ötztaler Alpen gefunden wurde und zwischen 3350 und 3100 v. Chr. gelebt haben muss. Der Körper des vermutlich an den Folgen eines Pfeilschusses gestorbenen Mannes blieb nur deshalb vor der Verwesung bewahrt, weil er schon bald nach seinem Tod von Schnee und Eis bedeckt wurde.

Eine hohe tektonische Aktivität führte anschließend zu verstärktem Vulkanismus und so herrschte auch danach noch relativ warmes Klima. Folge dieser tektonischen Unruhe war allerdings auch die Loslösung und Isolierung der Antarktis bis vor etwa 35 Mio. Jahren. Der daraufhin einsetzende antarktische Zirkumpolarstrom führte zur Vereisung des Südpols und zu einem weltweiten Temperatursturz (S. 35 f.). Vor etwa 25 Mio. Jahren stieg die Temperatur in einer Phase mit sehr starker Tektonik und Vulkanismus noch einmal kurzfristig an. Für die Fortsetzung des Abkühlungstrends in der Zeit danach ist vor allem die langfristig wirkende Silikatverwitterung ausschlaggebend (S. 37 ff.).

„Ice-Age"

Bis vor etwa 2 Mio. Jahren hatten die Kontinente, Gebirge und Ozeane im Wesentlichen ihre heutige Gestalt angenommen, das Große Marine Förderband (S. 34 f.) war entstanden. Seitdem ist das Klima von **zyklisch wiederkehrenden Eiszeiten** geprägt. Der rekonstruierte Temperaturverlauf der letzten 400.000 Jahre zeigt einen Wechsel von **ausgeprägten Kaltzeiten** mit starker Vereisung und wärmeren Phasen (**Warmzeiten**). Augenblicklich befinden wir uns in einer Warmzeit, die

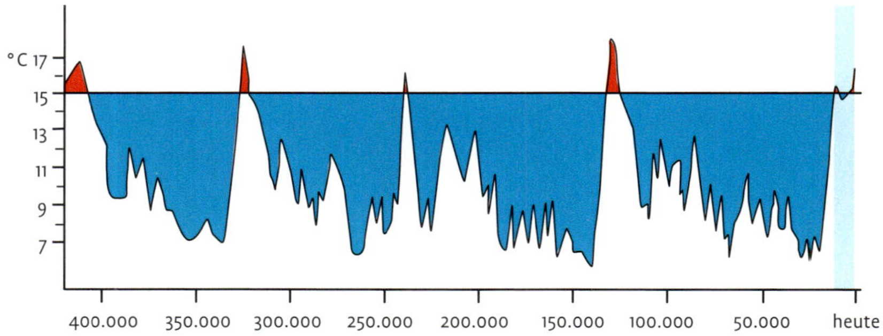

Temperaturverlauf der Erde von vor 400.000 Jahre bis heute: Ein steter Wechsel von Kalt- und Warmzeiten – ausgelöst durch Schwankungen der Erdbahnparameter.

nach neueren Berechnungen wahrscheinlich in 30.000 bis 50.000 Jahren wieder in einer Eiszeit enden wird.
Als Ursache der Eiszeiten gelten die **Milankovic-Zyklen** (S. 29). Da sie die auf der Erde ankommende Strahlungsmenge kaum beeinflussen, sondern lediglich die Verteilung über die Jahreszeiten und Breitengrade, wirken sie allerdings nur als Auslöser, als Katalysator. Ein weiterer Faktor ist z. B. der **Albedo-Effekt** (S. 27). Denn wenn Teile der Erdoberfläche mit Schnee oder Eis bedeckt sind, verstärkt sich die Abkühlungstendenz durch die **Reflexion der Sonnenstrahlung**.
Die größten Vergletscherungen gab es während der Mindel- bzw. Elster-Eiszeit vor vermutlich 480.000 bis 385.000 Jahren, in deren Verlauf Nordamerika, Asien und Europa großflächig von bis zu drei Kilometer mäch-

Das Wichtigste in Kürze

- Eine Zeitreise durch die Erdzeitalter zeigt in der Rekonstruktion ein sich immer wieder änderndes Klima, wobei die wärmeren Zeiten überwiegen. Ursache waren z. T. massive Änderungen der Klimafaktoren.
- Mit den Klimawechseln waren auch drastische Auswirkungen auf das Leben auf der Erde verbunden, wie z. B. das Aussterben der Dinosaurier.
- Vor etwa 2 Mio. Jahren begann das Eiszeitalter mit einem ausgeprägten Wechsel von Warm- und Kaltzeiten. Im Moment befinden wir uns dem natürlichen Zyklus nach in der abklingenden Phase einer Warmzeit.

Während der Eiszeiten waren große Teile Europas und Nordamerikas von Gletschern bedeckt.

Eiszeitnamen

Da in Eiszeiten Gletscherbewegungen stattfinden, klassifiziert man sie üblicherweise nach den geographischen Orten, an denen diese auf der Erdoberfläche Spuren hinterließen. Damit erhielten dieselben Warm- oder Kaltzeiten regional unterschiedliche Namen. So heißt die letzte Kaltzeit, die vor etwa 10.000 Jahren endete und ihre Bezeichnung in Süddeutschland dem Voralpenfluss Würm verdankt, für den Laien etwas verwirrend in Norddeutschland Weichsel-, in England Devensian-, in Nordamerika Wisconsin- und in Russland Waldai-Kaltzeit.

tigen Gletschern bedeckt waren. Aber auch in der Würm-Kaltzeit, die vor ungefähr 100.000 Jahren begann und vor etwa 10.000 Jahren endete, waren große Teile Europas und Nordamerikas vergletschert. Durch das im Gletschereis gebundene Wasser lag der Meeresspiegel etwa 130 Meter tiefer als heute. Gebiete wie der Ärmelkanal und die Bering-Straße waren trockenes Land. Das Klima der letzten 100.000 Jahre war regional z. T. durch **sehr schnelle Temperaturwechsel** gekennzeichnet. Analysen von Eisbohrkernen in Grönland dokumentieren zahlreiche Sprünge von mehreren Grad (bis 10 °C) innerhalb weniger Jahrzehnte oder sogar Jahre! Es wird vermutet, dass dafür in erster Linie Änderungen der Meeresströmungen verantwortlich waren.

Die aktuelle Warmzeit – das Holozän

Nachdem vor rund 18.000 Jahren die mittlere Temperatur der Erde (die heute ca. 15 °C beträgt) mit ca. 11 °C den

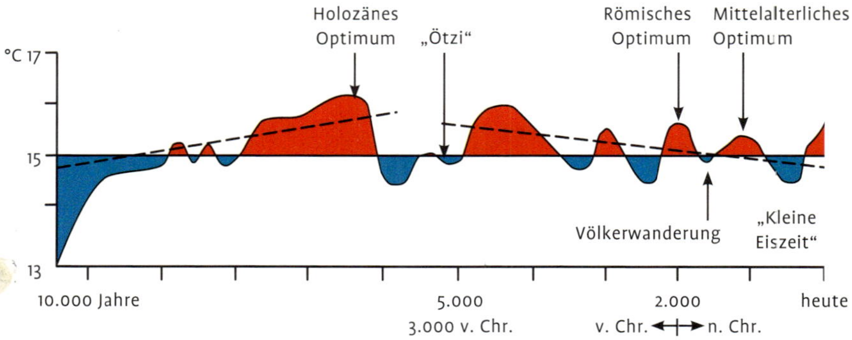

Temperaturverlauf von vor 10.000 Jahre bis heute. Das Klima hat deutliche Spuren in der Menschheitsgeschichte hinterlassen.

niedrigsten Wert der Würm-Kaltzeit erreicht hatte, begann der Übergang in die **jetzige Warmzeit, das Holozän**. Dieser Übergang wurde vor 12.700 bis 10.500 Jahren abrupt durch einen Kälteeinbruch unterbrochen. Auslöser dieses so genannten „**Jüngeren-Dryas-Ereignisses**“ war der gängigen Hypothese zufolge ein Aussetzen – oder zumindest eine **erhebliche Schwächung** – des **Nordatlantikstromes**, der Warmwasserheizung Europas. Verursacht wurde diese Unterbrechung vermutlich durch das Abschmelzen der nordamerikanischen Eismassen. Der Zufluss von Süßwasser verringerte dabei Salzgehalt und Dichte des Oberflächenwassers im Nordatlantik und stoppte oder schwächte dadurch den Nordatlantikstrom. Erst nach dem kompletten Abschmelzen des nordamerikanischen Eisschildes setzte die „Fernheizung“ Europas erneut ein.

Das holozäne Optimum

Mit globalen Durchschnittstemperaturen, die sogar 2 bis 2,5 °C über den heutigen lagen, erreichte das Holozän vor ca. 8000–6000 Jahren seinen Höhepunkt. Diese bisher **wärmste Klimaperiode** seit der letzten Eiszeit, das so genannte „**holozäne Optimum**“, ließ die Wüstengebiete in Afrika, auf der Arabischen Halbinsel und in Asien schrumpfen, Teile der Sahara wurden zur Savanne und die Waldgrenze verschob sich um bis zu 400 Kilometer nach Norden. Die Alpen waren nahezu gletscherfrei und das Abschmelzen von Gletschern der Polarregionen ließ den Meeresspiegel ansteigen, bis er mehr als einen Meter über dem heutigen lag. Die **ersten Hochkulturen** in Mesopotamien und Ägypten sind vermutlich in der Zeit des holozänen Optimums entstanden.

Die ägyptische Hochkultur entstand im holozänen Optimum.

Klima und Mensch

Dunkel- oder hellhäutig, Nomade oder sesshaft, Siesta in heißen Mittagsstunden oder Sauna in kalten Winternächten – das Klima prägt unser Äußeres, unsere Kultur, unsere Lebensweise. Und wie beeinflusst unsere Lebensweise das Klima?

Vom Klima geprägt

Seit dem Ende des „holozänen Optimums" vor ca. 5000 Jahren lassen sich in Europa und im Raum des Nordatlantiks verschiedene Phasen erkennen, in denen es wärmer (**Optima**) bzw. kälter (**Pessima**) als heute war:

- 3500–2000 v. Chr.: „Pessimum der Bronzezeit"
- 400 v. Chr.–200 n. Chr.: „Römisches Optimum"
- 300–600: „Pessimum der Völkerwanderungszeit"
- 800 – 1400: „Mittelalterliches Optimum"
- 1500 – 1850: „Kleine Eiszeit"
- seit ca. 1850: „Modernes Optimum".

Diese Klimaphasen hatten auch **Auswirkungen auf die Geschichte** von Völkern und Kulturen:

- Ende des Jahres 218 v. Chr. zog Hannibal mit 37 afrikanischen Kriegselefanten über die Alpen. Dies war nur möglich, weil die Alpenpässe während des **Römischen Optimums** auch im Winter passierbar blieben.

Die „Kleine Eiszeit“ in der niederländischen Malerei (16./17. Jahrhundert).

- Missernten und der Verlust von Weideflächen, verursacht durch lang anhaltende **Dürre- oder Regenperioden**, brachten wiederholt **Wanderungsbewegungen** ganzer Völker in Gang. Ein Beispiel ist die Austrocknung der mongolischen Steppe, die Anfang des 4. Jahrhunderts einsetzte und Auslöser für die Eroberungszüge nomadischer Völker war. Der Sturm der Schwarzen Hunnen durch Südrussland in die Donauebene und weiter über Ungarn bis nach Frankreich drängte die germanischen Völker, deren Wanderungen bereits im frühen 2. Jahrhundert eingesetzt hatten, nach Südwesten. Dies führte schließlich zum Untergang des weströmischen Reiches.
- Bereits um 875, in der Anfangsphase des **Mittelalterlichen Optimums**, erreichten die Wikinger Grönland, wo sie zwischen 982 und 1500 siedelten. Der Name Grönland bedeutet „Grünland“. Aus der Zeit des Mittelalterlichen Optimums stammen auch viele deutsche und englische Ortsnamen, die auf Weinbau hinweisen, der dort heute längst nicht mehr betrieben wird.
- In der „**Kleinen Eiszeit**“ im 16. und 17. Jahrhundert kam es zu einer merklichen Abkühlung, mit feuchten, kühlen Sommern und langen, schneereichen Wintern. Gemälde holländischer Maler aus dieser Zeit zeigen Eislandschaften mit Schlittschuhläufern, in den Alpen breiteten sich die Gletscher wieder aus. In Mitteleuropa und England gab es wiederholt Missernten und Hungersnöte, was zu Auswanderungswellen in die Neue Welt führte.

Geringe Temperaturschwankungen mit großer Wirkung

Während der letzten 5000 Jahre schwankte die globale Mitteltemperatur nur gering, in einzelnen Regionen lagen die Werte bis zu 1,5 °C höher bzw. niedriger als heute. Das zeigt einerseits, wie **erstaunlich stabil** das Klima dieser Zeitspanne war, und andererseits, wie schwerwiegend sich selbst geringe Klimaschwankungen auf die Lebensbedingungen der Menschen auswirken können.
Auslöser dieser Klimaänderungen waren vor allem Schwankungen der Erd-

Menschen – vom Klima geprägt.

bahnparameter und Änderungen der Meeresströmungen. Die Temperaturänderungen der letzten 1000 Jahre bis in das 19. Jahrhundert hinein lassen sich mit den Schwankungen der Solarstrahlung und vulkanischer Aktivität ziemlich gut erklären.

Prägt der Mensch das Klima?

Mit der Siedlungstätigkeit und Nutzung durch den Menschen hat sich nicht nur die Gestalt der Erde gewandelt. Ob und inwieweit man dabei auch klimatisch wirksame Faktoren verändert, wird heute kontrovers diskutiert.
Wahrscheinlich beeinflusste der Mensch das Klima schon in früheren Zeiten. Ein Beispiel ist die **Abholzung ganzer Landstriche** des Mittelmeerraumes durch Griechen, Phönizier und später vor allem durch die Römer (Schiffbau). Der Einfluss auf das Klima blieb aber regional begrenzt, globale Auswirkungen lassen sich daraus nicht ableiten.
Zu wesentlichen Veränderungen führten aber die Entwicklungen im Zuge der **Industriellen Revolution** zu Beginn des 19. Jahrhunderts. Bis dahin stand dem Menschen über Jahrhunderte hinweg Energie nur äußerst spärlich zur Verfügung. Man nutzte die eigene Muskelkraft oder die von Zugtieren, als weitere Energiequellen kamen nur Wind- und Wasserkraft (Segelschiffe, Windräder, Mühlen) sowie Brennholz in Frage. Die Nutzung **fossiler Energieträger** eröffnete dagegen völlig neue Möglichkeiten. Dampfmaschine, Verbrennungsmotor, Erzeugung und Nutzung elektrischen Stroms sowie zahlreiche andere technische Neuerungen verdrängten

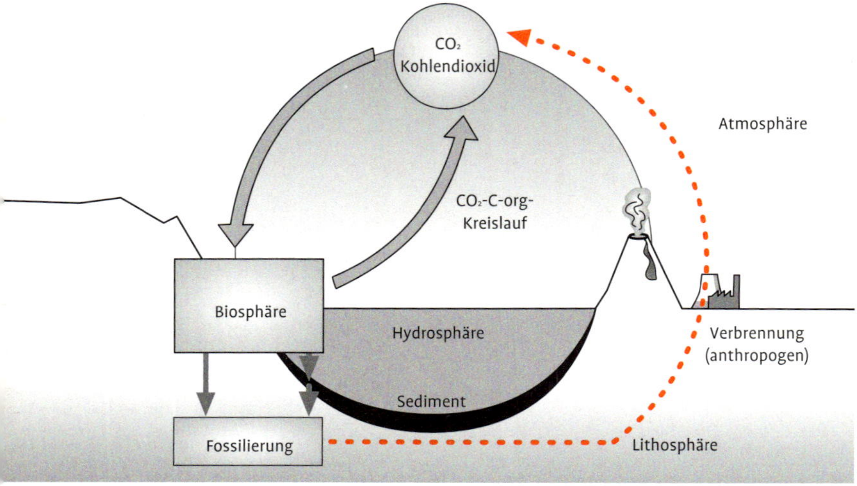

Rückkehr des Kohlenstoffs in die Atmosphäre durch Verbrennung von Kohle, Öl und Erdgas. Als CO_2 verstärkt er dort den Treibhauseffekt.

Handarbeit, Wind- und Wasserkraft und führten zu einem wachsenden Energiebedarf. Zunächst war Kohle der wichtigste Energieträger, später kamen Erdöl und Erdgas hinzu.

Die Rückkehr des Kohlenstoffs

Seit Beginn des 20. Jahrhunderts haben die **technische** und **wirtschaftliche Entwicklung** sowie die **wachsende Bevölkerung** den weltweiten **Energieverbrauch** immer stärker ansteigen lassen. Dieser Energieverbrauch wird bis heute zu einem Großteil aus fossilen Energieträgern gedeckt. Damit gelangt auch der Kohlenstoff, der der Atmosphäre einst entzogen und in unterirdischen Speichern gebunden wurde, in Form von **CO_2 wieder zurück in die Atmosphäre**.

Das Wichtigste in Kürze

- Die Klimawechsel (Optima und Pessima) der letzten 5000 Jahre lassen sich mit markanten Ereignissen der Kulturgeschichte in Verbindung bringen. Und das, obwohl die Schwankungen vergleichsweise gering waren.
- Der Einfluss des Menschen auf das Klima ist zunächst lokal begrenzt, mit Beginn der Industrialisierung scheint sich aber eine globale Dimension abzuzeichnen.

Klimawandel?

Noch vor wenigen Jahren galt das Thema Klimawandel als Erfindung grüner Moralapostel oder selbsternannter Untergangspropheten. Heute wird das Thema hektisch diskutiert: Ändert sich das Klima? Und wenn ja, welchen Einfluss hat der Mensch darauf?

Was zeigen die Messwerte?

Von verschiedenen Wetterstationen vor allem in Europa und Nordamerika liegen insbesondere für die Temperatur umfangreiche Aufzeichnungen der letzten 100–150 Jahre vor (S. 11). In Einzelfällen reichen Datenreihen sogar noch weiter zurück. Weitere Klimadaten wie die Konzentration wichtiger Treibhausgase lassen sich aus natürlichen Klimaarchiven oder aus Proxydaten ermitteln. Damit ergeben sich direkte **Vergleichsmöglichkeiten** zwischen den heutigen Klimadaten und denen im 18. bzw. 19. Jahrhundert.

Luftveränderung

Bei der **Konzentration klimawirksamer Treibhausgase** in der Atmosphäre zeigen sich dabei seit 1750, also vor dem industriellen Zeitalter, folgende Veränderungen (Stand 2005):

- Die **Kohlendioxid-Konzentration** in der Atmosphäre ist **um 35 % ge-**

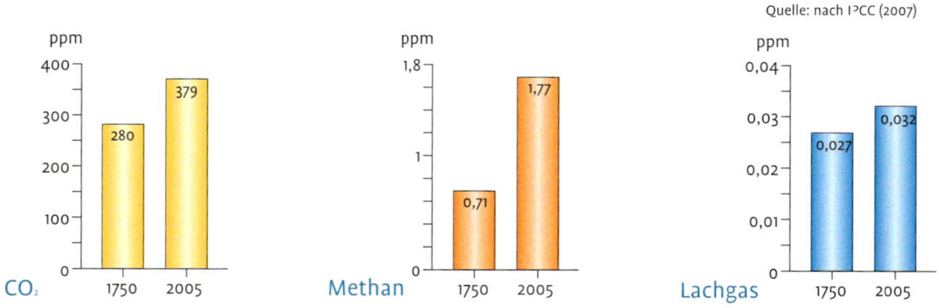

Änderung der Konzentrationen klimawirksamer Gase seit Beginn der industriellen Revolution.

stiegen und damit so hoch wie seit 650.000 Jahren nicht mehr, wahrscheinlich sogar seit 20 Millionen Jahren. Die Zuwachsrate zwischen 1995 und 2005 beschleunigte sich auf jährlich 1,9 ppm.

- Die **Methan-Konzentration** in der Atmosphäre ist **um 148 % gestiegen** und damit ebenfalls so hoch wie seit mindestens 650.000 Jahren nicht mehr. Im Vergleich zu den frühen 1990er Jahren hat sich der Anstieg jedoch verlangsamt.
- Die **Lachgas-Konzentration** in der Atmosphäre ist **um 18 % gestiegen** und damit so hoch wie seit mindestens 1000 Jahren nicht mehr. Die Zuwachsrate ist seit 1980 konstant.

Darüber hinaus finden sich weitere Treibhausgase, z. B. **Halogenkohlenwasserstoffe**, auch halogenierte Kohlenwasserstoffe genannt. Diese entstammen nicht natürlichen Quellen, sondern werden ausschließlich industriell erzeugt. Die bekanntesten sind die Fluorchlorkohlenwasserstoffe (FCKW), die jahrzehntelang u. a. als Kälte-, Treib-, Löse- und Reinigungsmittel sowie zum Schäumen von Kunststoffen Verwendung fanden. Sie wirken als Treibhausgase und zerstören die Ozonschicht (Ozonloch). Heute ist ihr Einsatz verboten. Schwefelhexafluorid (SF6) wirkt als Treibhausgas etwa 23.900-mal stärker als Kohlendioxid. Seine Konzentration steigt derzeit.

Es wird wärmer ...

Parallel zu diesen Beobachtungen ist seit Beginn der systematischen, annähernd flächendeckenden Temperatur-

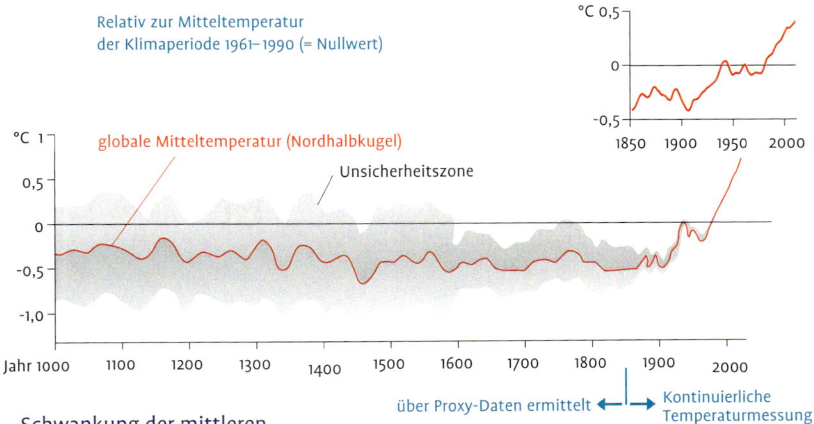

Schwankung der mittleren globalen Erdtemperatur.

Quelle: vereinfacht nach IPCC (2001/2007)

messungen im Jahr 1861 ein **Anstieg der mittleren globalen Erdtemperatur** mit verschiedenen Folgen zu verzeichnen:

- Die **globale Jahresmitteltemperatur** (gemessen an der Erdoberfläche) ist zwischen 1906 und 2005 **um 0,74 °C gestiegen**, wobei die Temperaturzunahme der letzten 50 Jahre doppelt so hoch ist wie die der letzten 100 Jahre. In den vergangenen 12 Jahren (1995–2006) fanden sich 11 der 12 wärmsten Jahre seit 1850. Die Temperaturen der letzten 50 Jahre sind sehr wahrscheinlich höher als je zuvor in den vergangenen 500 Jahren, vermutlich sogar höher als in den letzten 1300 Jahren. In der arktischen Region ist die Zunahme besonders stark. Auch in den Alpen wurde eine überdurchschnittliche Temperaturerhöhung gemessen.
- Beobachtungen in den **Ozeanen** seit 1961 zeigen eine **Temperaturzunahme** im globalen Mittel bis in eine Tiefe von 3000 m. Es wird vermutet, dass die Ozeane 80 % der zusätzlichen Wärmemenge des Klimasystems absorbiert haben.
- In beiden Hemisphären haben die **Gebirgsgletscher** sowie die **schneebedeckte Fläche** insgesamt **abgenommen**, gleiches gilt für die Permafrostböden. Das **Meereis** der Arktis verzeichnet seit 1978 einen Rückgang im Jahresmittel um 8 %, im Sommer gar um 22 %, in der Antarktis ist kein Rückgang zu verzeichnen. Die **Eisschilde** der Antarktis, insbesondere aber von Grönland, **verlieren an Masse** durch Schmelzvorgänge und Gletscherabbrüche.
- In vielen Gebieten lässt sich inzwischen ein **früherer Frühlingsbeginn**

gegenüber älteren Beobachtungen verzeichnen. Auch im Verhalten von Zugvögeln zeigen sich Veränderungen, sie ziehen z. T. später in ihre Überwinterungsgebiete, kehren früher zurück oder ziehen gar nicht mehr weg.

- Der **Meeresspiegel** ist im 20. Jahrhundert **um 17 cm gestiegen**, mit wachsender Tendenz (allein seit 1993 um 3 mm jährlich). Etwa die Hälfte des Anstiegs wurde durch die thermische Ausdehnung der wärmer gewordenen Ozeane verursacht, ca. 25 % durch abschmelzende Gebirgsgletscher und ca. 15 % durch die abtauenden Eisschilde von Arktis und Antarktis.
- **Wetterextreme** wie tropische Wirbelstürme, Starkregenfälle mit Überflutungen oder ausgeprägte, langandauernde Trockenzeiten haben sich in den letzten Jahren **gehäuft**. 2005 wurden in der Karibik so viele Wirbelstürme registriert wie niemals zuvor, darunter auch der stärkste bisher gemessene Zyklon überhaupt (Hurrikan „Wilma“) sowie die nördlichste jemals bisher beobachtete Entstehung eines Wirbelsturmes (Hurrikan „Vince“).
  Auch bei der Häufung **extremer Temperaturen** zeigen sich Veränderungen. Während extrem kalte Tage und Nächte sowie Frostperioden seltener werden, verzeichnen heiße Tage, Tropennächte und Hitzewellen Zuwächse.

Was steckt dahinter?

In den vergangenen Jahren ist immer deutlicher geworden, dass **der Mensch größeren Einfluss auf die Klimamaschine Erde hat** als lange Zeit angenommen. Heute ist der Klimawandel aus der öffentlichen Diskussion kaum mehr wegzudenken. Dabei wird oft übersehen, dass sich die Wissenschaft schon länger mit dem Thema auseinandersetzt und z. T. schon früh vor möglichen Folgen gewarnt hat, ohne alledings Gehör in der Öffentlichkeit oder der Politik zu finden.

Das Wichtigste in Kürze

- Verglichen mit der Zeit vor bzw. zu Beginn der Industrialisierung wird eine signifikante Erhöhung bestimmter Treibhausgase in der Atmosphäre, allen voran des Kohlendioxides, gemessen.
- Parallel dazu lässt sich ein Anstieg der mittleren globalen Temperatur der Erdoberfläche beobachten, begleitet von einer Zunahme an extremen Wetterereignissen

Klima im Fokus

In den vergangenen Jahrzehnten wurde die „Klimamaschine“ Erde intensiv erforscht. Doch auch die detailliertesten Modelle können das gesamte System noch nicht vollständig erfassen – und an manchen Stellen bestehen noch Wissensdefizite.

Rückschlüsse

Auffällig an den Beobachtungen seit Mitte des 19. Jahrhunderts ist der fast **gleichzeitige Anstieg des CO_2-Gehaltes der Atmosphäre und der Temperatur**. Dass eine Zunahme der Kohlendioxid-Konzentration auf Dauer zu einer Erwärmung der Atmosphäre führen müsse, hatte bereits der schwedische Chemiker Arrhenius (1859–1927) erkannt. 1896 errechnete er eine Temperaturerhöhung von 4–6 °C für den Fall einer Verdoppelung des CO_2-Gehaltes. Die höheren Temperaturen bewertete er dabei allerdings positiv, da sie besonders den kälteren Teilen der Erde gleichmäßigere und bessere klimatische Bedingungen brächten.

Klima im Fokus

Eine intensive wissenschaftliche Beschäftigung mit der Problematik „**Klimawandel**“ begann in der zweiten Hälfte der 1960er Jahre. Sie führte zur ersten **Weltumweltkonferenz** (Konfe-

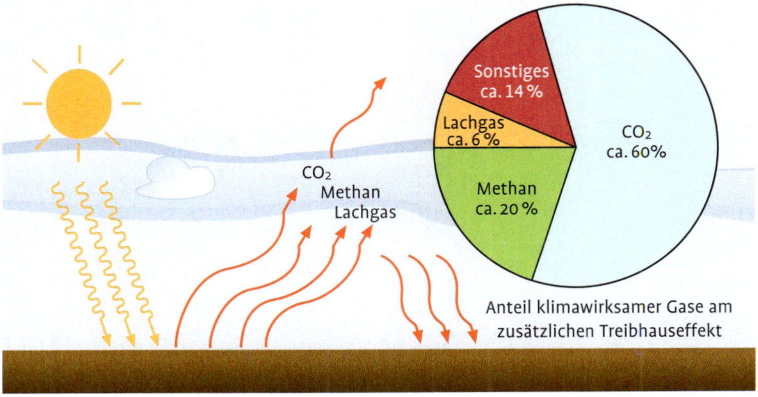

Der zusätzliche Treibhauseffekt durch klimawirksame Gase.

renz über die menschliche Umwelt) 1972 in Stockholm. Dort wurde neben dem Umweltprogramm der UNO, dem UNEP (United Nations Environment Programme), auch ein globales Umweltüberwachungssystem (Global Environment Monitoring System, GEMS) ins Leben gerufen. Damit sollten die Einflüsse von Energiegewinnung und -verbrauch auf das Wettergeschehen, die menschliche Gesundheit und das Leben von Tieren und Pflanzen überwacht werden.

Die weltweit gesammelten Messdaten zeigten, dass sich der CO_2-Gehalt der Atmosphäre gegenüber der vorindustriellen Zeit bereits stark erhöht hatte. Auf der Weltklimakonferenz 1988 in Toronto wurde daher ausdrücklich vor den Konsequenzen einer **globalen Erwärmung** gewarnt und sofortiges **Gegensteuern** gefordert.

Dem Klimawandel auf der Spur

Um die weltweit erfassten Daten über die Entwicklung des Klimas zentral zu bündeln, gründeten die Weltorganisation für Meteorologie (World Meteorological Organization, WMO) und das UNEP 1988 den „Zwischenstaatlichen Ausschuss für Klimawandel der Vereinten Nationen“ (Intergovernmental Panel on Climate Change, **IPCC**) mit Sitz in Genf. Der IPCC sammelt die Berichte von Wissenschaftlern verschiedenster Disziplinen, um möglichst umfassend, objektiv und transparent den jeweils **aktuellen Wissensstand der gesamten Klima- und Klimafolgenforschung** zusamenzufassen. Die Berichte erscheinen alle 5–6 Jahre, der erste Bericht lag 1990 vor.

Zu den Aufgaben des IPCC gehört es, neben der Beobachtung von Klimaän-

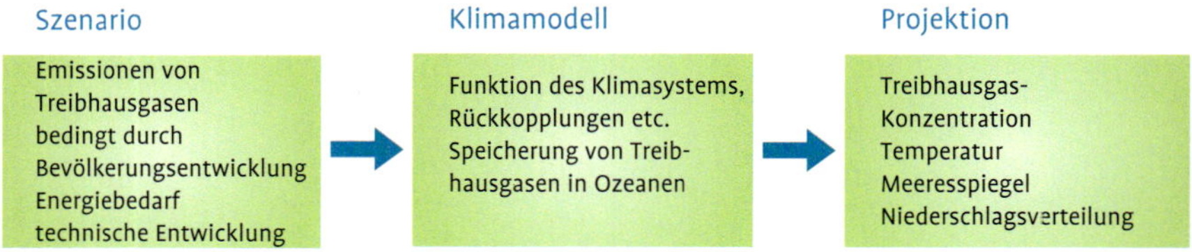

Ausgehend von Grundannahmen über Energieverbrauch, Bevölkerungswachstum, etc. (Szenarien) errechnen Wissenschaftler mit Hilfe mathematischer Klimamodelle, wie sich das Weltklima in Zukunft entwickeln könnte (Projektionen).

derungen sowie deren Bewertung, vor allem auch Aussagen zur zukünftigen Entwicklung zu treffen. Die IPCC-Berichte sind damit wichtige Informationsgrundlagen für Entscheidungsträger in Politik und Gesellschaft.

Treibhausfaktor Mensch

Schon der erste IPCC-Bericht von 1990 sah einen direkten Zusammenhang zwischen dem Anstieg der Treibhausgaskonzentration und menschlichen Aktivitäten als sehr wahrscheinlich an. Es wird deshalb auch von einem **zusätzlichen** oder **anthropogenen Treibhauseffekt** gesprochen (s. Grafik S. 71). Dem Kohlendioxid kommt dabei eine Schlüsselrolle zu, sein Anteil am anthropogenen Treibhauseffekt wird mit ca. 60% beziffert. Etwa drei Viertel der anthropogenen CO_2-Zunahme ist auf die Verbrennung fossiler Energieträger, der Rest im Wesentlichen **auf die Brandrodung großer Waldgebiete** zurückzuführen.
Bei den Methan-Emissionen kommt vermutlich gut die Hälfte aus anthropogenen Quellen (z. B. durch Verbrennung fossiler Brennstoffe, Viehzucht, Reisanbau und Deponien). Sie werden für ca. 20% des anthropogenen Treibhauseffekts verantwortlich gemacht.

Klima im Modell

Bei der Erforschung des Klimawandels und seiner Auswirkungen spielen **Klimamodelle** eine wichtige Rolle. Diese Modelle versuchen, das tatsächliche Klimageschehen **mathematisch** abzubilden und die Wirkung von Änderun-

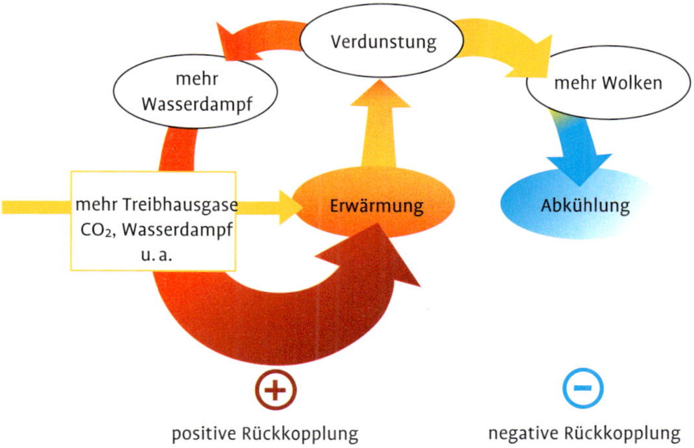

Positive und negative Rückkopplungen machen die Abbildung des Klimasystems in Modellen besonders schwierig.

gen der Klimafaktoren zu berechnen. Dabei müssen die verschiedenen Mechanismen des Klimas und ihrer **Rückkopplungen** so weit wie möglich verstanden und in das Modell integriert werden. Wichtig sind in diesem Zusammenhang auch die Erkenntnisse aus der **Klimageschichte**. Mit den Modellen kann das Klima vergangener Epochen **simuliert** und mit den tatsächlich bekannten Befunden verglichen werden. Damit lässt sich die Funktionsfähigkeit der Modelle überprüfen.

Rückkopplungen

Es sind vor allem die zahlreichen Wechselwirkungen und **Rückkopplungsprozesse**, die das Klimageschehen und damit seine Abbildung in Modellen so kompliziert und schwer berechenbar machen.
Beispielsweise bildet sich als Reaktion auf eine wärmere Atmosphäre durch zunehmende **Verdunstung mehr Wasserdampf.** Da Wasserdampf als Treibhausgas wirkt, **verstärkt sich der Erwärmungsprozess weiter**, es kommt zu einer **positiven Rückkopplung**. **Mehr Wasserdampf** bedeutet aber auch **mehr Wolken**. Diese **reflektieren** einen Teil des Sonnenlichtes (Albedo) und führen tendenziell zu einer Abkühlung – man spricht von einer **negativen Rückkopplung**. Welcher Effekt hier insgesamt überwiegt, ist derzeit Gegenstand intensiver Forschungen.
Ähnlich kompliziert sind die Auswirkungen, die eine Erwärmung der Ozeane nach sich ziehen. Da kaltes Wasser mehr CO_2 aus der Atmosphäre aufnehmen kann als warmes, führt eine Er-

Mehr Erwärmung, mehr Wasserdampf, mehr Erwärmung?

wärmung der Meere zu einem höheren CO_2-Gehalt der Atmosphäre und damit zu einer Verstärkung des Treibhauseffektes (positive Rückkopplung). Hinzu kommt, dass durch die thermische Ausdehnung des Wassers der Meeresspiegel steigt. Dies vergrößert die Meeresoberfläche und damit auch die Verdunstungsfläche – der Wasserdampfgehalt in der Atmosphäre steigt. Auch die Eisflächen der Meere um Nord- und Südpol spielen in den Modellen der Klimaforscher eine wichtige Rolle. Da sie im Vergleich zu den offenen Wasserflächen einen größeren Anteil der Sonnenstrahlung reflektieren (hohe Albedo), führt ein Rückgang der Eisflächen zu einer Erwärmung der Meere, was wiederum Einfluss auf die CO_2-Aufnahme hat.
Unklar ist auch die Entwicklung bei den **Aerosolen**, die prinzipiell eine eher kühlende Wirkung haben (S. 15). Natürliche Aerosole wie Meersalz und Staub können durch eine Klimaerwärmung zunehmen. Bei anthropogenen Aerosolen ist durch Maßnahmen der Luftreinhaltung dagegen mit einer Abnahme zu rechnen.

Vom Modell zur Projektion

Um die weitere Entwicklung des Klimas einschätzen zu können, ist neben exakten Klimamodellen die möglichst realistische Ermittlung der in Zukunft zu erwartenden Treibhausgasemissionen von Bedeutung. Dabei spielen unterschiedliche **Fragestellungen** eine Rolle:

- Wie werden sich Weltbevölkerung, Lebensstandard und Weltwirtschaft entwickeln?
- Welcher Energiebedarf ergibt sich aus dieser Entwicklung und wie wird dieser gedeckt?
- Welche technologischen Fortschritte sind zu erwarten und wie wirken diese sich auf die obigen Bereiche aus?

Alle diese Aspekte haben direkten oder indirekten Einfluss auf die Emissionsmengen von Treibhausgasen und

Wie wird der Energiebedarf der Zukunft gedeckt?

damit auf unsere Klimazukunft.
Um nicht unendlich viele Möglichkeiten abschätzen zu müssen, wurden vom IPCC verschiedene **Szenarien** entwickelt, die unterschiedliche Entwicklungsmöglichkeiten beschreiben.
Die Szenarien sind zu vier Gruppen zusammengefasst und werden nach dem Second Report on Emissions Scenarios **SRES-Szenarien** genannt (s. Kasten). Anhand dieser Szenarien wurden dann jeweils die daraus resultierenden Treibhausgasemissionen berechnet, die wiederum die Datengrundlage für die entsprechenden Berechnungen der Klimamodelle waren. Für jedes Szenario wurde also eine **Klimaprojektion** errechnet.
Die unterschiedlichen Klimaprojektionen, bzw. die Bandbreite des zu erwartenden Temperaturanstiegs sind also Ergebnis einer Vielzahl möglicher

Die SRES-Szenarien

A1 beschreibt eine Welt mit schnellem Wirtschaftswachstum, einer Weltbevölkerung, die 2050 ihr Maximum erreicht und danach abnimmt und die schnelle Einführung neuer und effizienter Technologien. Regionale Unterschiede werden ausgeglichen. Die A1-Familie ist noch unterteilt in A1FI (Schwerpunkt auf fossilen Energieträgern), A1T (Schwerpunkt auf nicht-fossilen Energieträgern) sowie A1B (Mix aus A1FI und A1T)
A2 sieht die Welt sehr heterogen mit dem Erhalt regionaler Unterschiede. Die Weltbevölkerung nimmt kontinuierlich zu, der technische Wandel erfolgt nur langsam.
B1 rechnet die Weltbevölkerung wie bei A1. Der technische Wandel ist noch viel mehr auf saubere und effizientere Technologien ausgelegt mit nachhaltigen Lösungen im ökonomischen, sozialen und ökologischen Bereich.
B2 Weltbevölkerung wie A2, auf lokaler Ebene werden Lösungen von ökonomischen, sozialen und ökologischen Problemen gefunden.

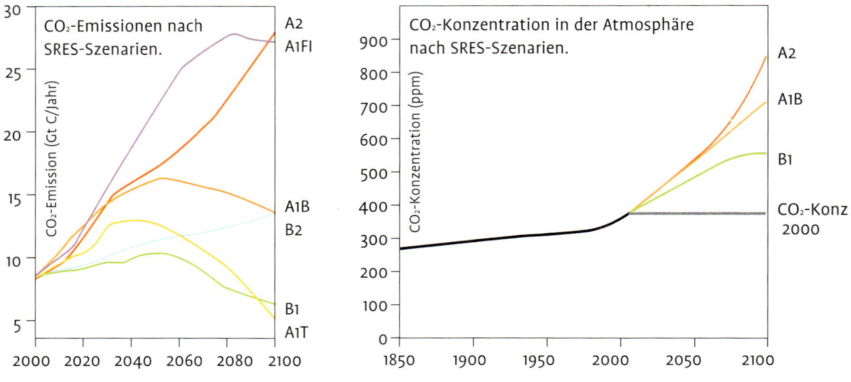

Einfluss des weltweiten Kohlendioxid-Ausstoßes auf die CO_2-Konzentration in der Atmosphäre.

Entwicklungen und nicht Resultat einer ungenauen Berechnung. Zum Vergleich wurde im IPCC-Bericht 2007 ein Szenario berechnet, das die CO_2-Konzentration des Jahres 2000 konstant sieht, also „einfriert".

Das Wichtigste in Kürze

- Die beobachtete Erhöhung der globalen Mitteltemperatur hat aller Wahrscheinlichkeit nach anthropogene Ursachen, wobei insbesondere die CO_2-Emissionen im Fokus stehen.
- Die Klimaforschung arbeitet intensiv an Modellen, die das komplexe Klimageschehen so genau wie möglich abbilden und Projektionen für eine zukünftige Entwicklung erlauben.
- Der IPCC hat in Szenarien unterschiedliche Entwicklungsmöglichkeiten der Welt hinsichtlich Bevölkerungs- und Wirtschaftswachstum, Energieverbrauch etc. aufgezeigt. Mit den Klimamodellen wurden für jedes dieser Szenarien die Auswirkungen auf das weltweite Klima berechnet (Klimaprojektionen).
- Alle Projektionen zeigen einen deutlichen Temperaturanstieg bis zum Ende des Jahrhunderts. Je nach Szenario ist eine Zunahme der globalen Jahresmitteltemperaturen gegenüber dem Vergleichszeitraum 1980–1999 von im Schnitt 1,8°C–4,0°C zu erwarten.
- Problematisch in diesem Zusammenhang ist die Trägheit des Klimasystems. Einmal ins Rollen gebracht, lassen sich viele Entwicklungen nur sehr langsam oder überhaupt nicht mehr korrigieren.

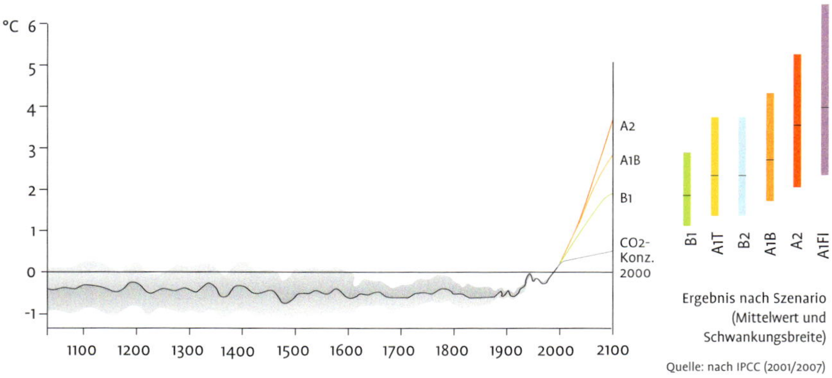

Temperaturentwicklung seit dem Jahr 1000 und Projektion bis 2010 (Relativ zur Mitteltemperatur 1980–99 (= Nullwert)).

Blick in die Klimazukunft?

Bei allen aus den SRES-Szenarien errechneten Klimaprojektionen zeigt sich ein annähernd gleich hoher **Anstieg der globalen Jahresmitteltemperatur bis 2030**, erst danach weichen die Kurven voneinander ab (Werte jeweils bezogen auf den Mittelwert 1980–99). Die **Spannbreite der projizierten Temperaturzunahme** bis 2100 liegt dabei zwischen **1,8 °C** (1,1–2,9 °C) für das günstigste Szenario B1 und **4,0 °C** (2,4–6,4 °C) für das ungünstigste Szenario A1FI (IPCC 2007). Bemerkenswert ist, dass selbst bei einem Einfrieren der CO_2-Konzentration auf dem Stand von 2000 (also bei einem sofortigen Stopp aller Emissionen) die Temperaturerhöhung weiter voranschreitet (um ca. 0,6 °C bis 2100).
Der Grund liegt in der **Trägheit des Klimasystems**. Die komplexe Klimamaschine Erde ist zunächst nicht so leicht aus dem Gleichgewicht zu bringen, sie reagiert auf veränderte Klimafaktoren eher langsam und mit Zeitverzug. Das bedeutet aber auch, dass bei einer einmal ins Rollen gebrachten Entwicklung ein Umsteuern zunächst ebenfalls keine Wirkung zeigt. Bis sich die CO_2-Konzentration in der Atmosphäre bzw. die Temperatur stabilisiert oder wieder zurückgeht, können Jahrhunderte vergehen.
Besonders drastisch zeigt sich dieser Effekt beim vermuteten **Anstieg des Meerespiegels**. Den Projektionen zufolge wird der Meeresspiegel bis 2100 (in Bezug zu 1980–99) „nur“ um ca. 18–38 cm (Szenario B1) und 26–59 cm (Szenario A1FI) steigen. Doch auch wenn sich bis dahin die CO_2-Konzentration stabilisiert hat, wird

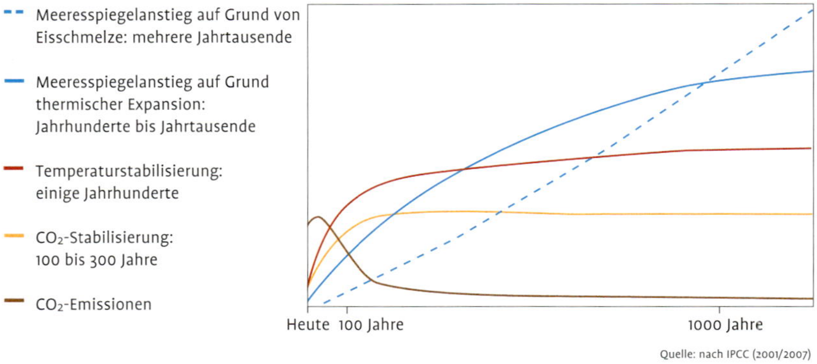

Trägheit des Klimasystems: Auch bei einer Stabilisierung des CO_2-Gehaltes der Atmosphäre wird der Meeresspiegel noch mehrere Jahrhunderte ansteigen.

sich der Anstieg über Jahrhunderte bis Jahrtausende weiter fortsetzen. Allein durch das Abschmelzen des Grönlandeises würde sich der Meeresspiegel um ca. 7 m erhöhen, sollten alle Gletscher der Erde schmelzen, stiege der Meeresspiegel um bis zu 80 m. Auch hier gilt: Einmal in Gang gekommen, ist dieser Prozess ab einem gewissen **Schwellenwert** nicht mehr aufzuhalten und offensichtlich auch **irreversibel**, also unumkehrbar!

Nicht überall gleich

Die genannten Projektionen beziehen sich auf die allgemeine globale Entwicklung. Der zu erwartende **Klimawandel** wird sich aber aller Voraussicht nach in den **einzelnen Erdregionen sehr unterschiedlich auswirken**. Schon die jetzigen Temperaturbeobachtungen lassen hier große Differenzen erkennen, von sehr starker Erwärmung, vor allem in der arktischen Region, bis hin zu regionaler Temperaturabnahme. Neuere Klimamodelle versuchen, diese regionalen Trends zu berechnen, da sie für die politischen Entscheidungen vor Ort sehr wichtig sind. Klimamodelle mit einer derart feinen Auflösung benötigen eine hohe Datendichte und erfordern einen immensen Rechenaufwand. So hatte der Computer des Deutschen Klimarechenzentrums in Hamburg, mit dem die Klimaentwicklung Deutschlands bis zum Jahr 2100 berechnet wurde, 432 Billiarden Rechenschritte durchzuführen.
Die errechneten Daten benötigen 42.000 Gigabyte Speicherplatz.

Klimaprojektionen

Der Klimawandel wird sich nicht überall gleich auswirken. Es wird Gewinner und Verlierer geben. Doch bleiben die Gewinner auf lange Sicht wirklich Gewinner?

Was passiert genau?

Nach den gegenwärtigen Projektionen (IPCC 2001/2007) ist in Zukunft mit folgenden Auswirkungen zu rechnen:

▷ Weitere Temperaturzunahme

Die bodennahe Lufttemperatur steigt im globalen Mittel bis 2100, um im Schnitt **1,8–4,0 °C** an (bezogen auf den Mittelwert 1980–99). Regional zeigen sich noch größere Unterschiede, allgemein ist die Erwärmung über dem Land höher als über dem Ozean.

▷ Mehr Niederschlag

Da sich in einer wärmeren Atmosphäre durch zunehmende Verdunstung mehr Wasserdampf bildet, ist von einer Zunahme der Niederschläge auszugehen, besonders in den höheren Breiten. In den Subtropen und Tropen kann es dagegen zu einer Abnahme kommen.

▷ Häufung von Wetterextremen

Auch Dauer und Intensität der Niederschläge schwanken stärker als bisher. Das bedeutet einerseits eine **Zunah-**

Regionale Temperaturveränderung nach Szenario A1B: Die stärkste Erwärmung wird für die nördlichen Regionen prognostiziert.

me von Starkregen mit Überschwemmungen, andererseits **Trockenperioden**, **Hitzewellen** und **Dürren**. Der Energieaustausch zwischen einer erwärmten Troposphäre und den Ozeanen führt zu einem **Anstieg der Wassertemperaturen**. Damit vergrößert sich der Bereich, in dem Wirbelstürme entstehen können. Es wird vor allem befürchtet, dass **Wirbelstürme in ihrer Intensität und Stärke zunehmen**.
Wenn sich dieser Trend mit dem auf Seite 49 erwähnten Zyklus (AMO) überlagert, verschärft sich die Situation zusätzlich.
Bei Klimaphänomenen wie **El Niño** wird mit einer **Zunahme der Intensität** gerechnet. Auch die Nordatlantische Oszillation fällt voraussichtlich ausgeprägter aus, vor allem die positive NAO mit milden Wintern in Mittel- und Nordeuropa. Die Zugbahnen von Winterstürmen laufen öfter direkt über Zentraleuropa.

▷ Rekordernten und Ernteausfälle

Land- und Forstwirtschaft sind regional sehr unterschiedlich vom Klimawandel betroffen. Die Forstwirtschaft hat dabei größere Probleme, auf den Klimawandel zu reagieren, da ein **Waldumbau nur langfristig möglich** ist. Die Landwirtschaft muss in einigen Gegenden **Ernteausfälle durch Trockenheit und hohe Niederschläge** verkraften, andere Regionen werden – zumindest vorläufig – **profitieren**.
So verschiebt sich die **Ackerbaugrenze** im Norden weiter in Richtung der Pole und in den Gebirgen nach oben.

▷ Rückgang des Eises

Die **Schnee- und Eisbedeckung nimmt ab**, besonders um den Nord-

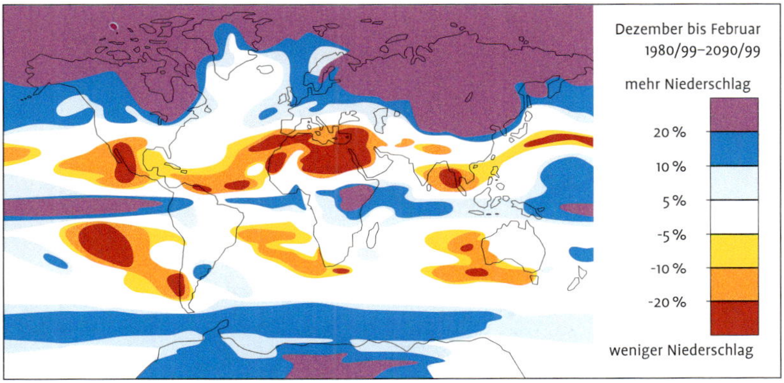

Regionale Niederschlagsveränderung im Winter nach Szenario A1B: Zunahme vor allem im Norden und Süden.

pol. Wenn die **Permafrostböden**, die etwa 25% (!) der Landoberfläche bedecken, auftauen, könnten große Mengen **CO_2 und Methan** freigesetzt werden.

▷ Veränderungen in der Tier- und Pflanzenwelt

Schätzungen zufolge könnte bis zu **einem Viertel aller Arten aussterben**. Zahlreiche Arten leben heute nur noch in fragmentierten, stark verinselten Lebensräumen. Damit bestehen kaum Möglichkeiten, Verschiebungen von Klimazonen durch Wanderungen auszugleichen. Entscheidend ist dabei, in welcher Geschwindigkeit der Klimawandel abläuft.
In den Ozeanen führt die Klimaerwärmung zu einer **Versauerung** der oberflächennahen Wasserschichten. Hier lebt aber ein Großteil des Planktons. Eine Schädigung dieses ersten Gliedes der marinen Nahrungskette hätte weitreichende Auswirkungen auf das Leben im Meer.

▷ Ausbreitung von Krankheiten

Je höher die Temperaturen, desto besser können sich bestimmte Krankheitserreger verbreiten. Damit sind in Zukunft auch in Europa Krankheiten möglich, die man bislang nur aus wärmeren Ländern kannte, z. B. die Malaria.

▷ Abschwächung des Nordatlantikstromes

In der Karibik und im Golf von Mexiko lassen höhere Luft- und Wassertemperaturen die Verdunstung und damit auch den Salzgehalt des Meerwassers steigen. Im Nordatlantik dagegen führen vermehrte Niederschläge und der Zustrom von Schmelzwasser zu einer

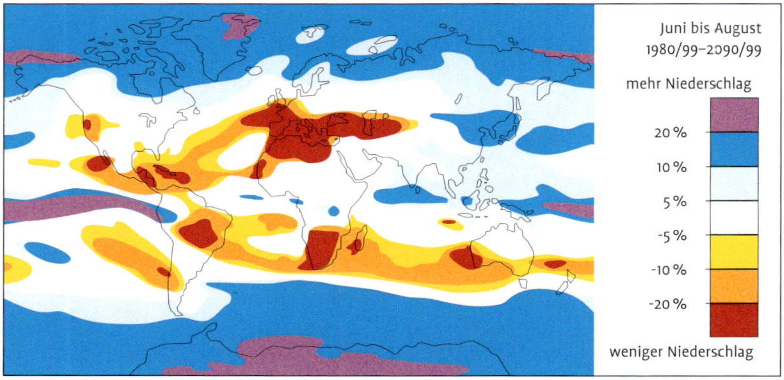

Quelle: nach IPCC (2007)

Regionale Niederschlagsveränderung im Sommer nach Szenario A1B: Abnahme in Südeuropa und Nordafrika.

Abnahme des Salzgehaltes und damit zu einer **Verringerung der Wasserdichte**. Weniger dichtes Wasser sinkt aber weniger stark ab, die Sogwirkung schwächt sich ab und mit ihr die **thermohaline Zirkulation**.
Diese könnte im 21. Jahrhundert um 25 % abnehmen. Mit einer Abkühlung in Europa rechnet man allerdings nicht, da der allgemeine Erwärmungstrend überwiegen wird. Ein komplettes Abreißen der Strömung – ähnlich wie zu Beginn der Jüngeren Dryas (S. 60) – erscheint zumindest für die nächsten 100 Jahre als sehr unwahrscheinlich.

Gewinner und Verlierer

Die Folgen des Klimawandels werden **nicht alle Erdteile gleich treffen**. Einige Regionen werden besonders stark getroffen, andere könnten – zumindest zeitweise – sogar davon profitieren. Entscheidend ist, ob und wie sich Menschen, Tiere und Pflanzen den Veränderungen anpassen können und wie viel Zeit für diesen Prozess zur Verfügung steht.

Wohlhabende Staaten haben **bessere Voraussetzungen**, sich an die Folgen einer Klimaerwärmung anzupassen, als arme Staaten. Deshalb werden die Auswirkungen des Klimawandels aller Wahrscheinlichkeit nach die **ärmeren Länder deutlich härter treffen** – obwohl die entwickelten Industrienationen die meisten Treibhausgase emittieren, demnach also die Hauptverursacher sind. In einer immer kleiner werdenden Welt schlagen sich jedoch Probleme der „Verliererstaaten“ auch auf die „Gewinner“ nieder. Zudem

Sturmschäden.

können sich anfangs positive Effekte ins Gegenteil kehren.

Folgende Trends zeichnen sich ab:

Vorteile:

- wachsende Ernteerträge in Teilen der mittleren Breiten (bei einer Temperaturerhöhung um weniger als 2 °C innerhalb der nächsten 100 Jahre); stärkeres Holzwachstum
- in Südostasien z. T. weniger Wassermangel
- sinkender Energieeinsatz für Raumheizungen in den höheren Breiten.

Nachteile:

- Abnahme der Ernteerträge vor allem in den Tropen und Subtropen
- Abnahme der Ernteerträge in den mittleren Breiten (bei einer Temperaturerhöhung um mehr als 2 °C innerhalb der nächsten 100 Jahre)
- Wassermangel insbesondere in den Subtropen
- Ausbreitung von Krankheitserregern
- Zunahme von Wetterextremen (Stürme, Überschwemmungen, etc.)
- erhöhter Energieeinsatz für Raumkühlungen.

Was erwartet Deutschland?

Eher heiße, trockene Sommer; eher feuchte, milde Winter. Extreme wie das Trockenjahr 2003, die Elbeflut 2002 oder Stürme wie Lothar, Wiebke und Kyrill werden häufiger. Schneesicher sind nur noch die höheren Lagen der Alpen (ab 1500 m) und Mittelgebirge (ab 800–1000 m). Die Nord- und Ostseeküste wird als Urlaubsregion gegenüber Südeuropa an Bedeutung zunehmen.
Da der Umbau von Wäldern Jahrzehnte benötigt, wird der Klimawandel vor allem die Forstwirtschaft treffen. Die Landwirtschaft wird möglicherweise eine Zeit lang profitieren. Für Kraftwerke und Industrie steht weniger Kühlwasser zur Verfügung (Sommer 2003), die Schifffahrt wird durch extreme Niedrigwasserstände beeinträchtigt. Das niederschlagsarme nordostdeutsche Tiefland, der wärmebegünstigte Oberrheingraben und die Alpenregion werden die Gebiete in Deutschland sein, die am meisten vom Klimawandel betroffen sind.

Artenvielfalt der Tropen – bedroht durch den Klimawandel.

Für die einzelnen Erdteile ergeben sich folgende Projektionen, die je nach Szenario unterschiedlich stark ausfallen:

▷ **Europa**

In Europa sind die zu erwartenden **Probleme vergleichsweise gering** und von den eher wohlhabenden Staaten einigermaßen lösbar. In Mitteleuropa werden die **Sommer trockener**, die **Winter** dagegen **niederschlagsreicher**.

In den Alpen steigt die Baum- und Schneegrenze weiter nach oben, die **Gletscher verschwinden** fast ganz. Das Auftauen der Permafrostböden führt vermehrt zu Bergrutschen und Murenabgängen.

Für die **Landwirtschaft** überwiegen **im Norden positive Effekte**, im Süden und Osten eher negative. In **Südeuropa** drohen z. T. **längere und ausgeprägtere Trockenperioden**.

▷ **Asien**

In den wärmeren Teilen Asiens nehmen **Wetterextreme** wie Wirbelstürme und Überflutungen, aber auch Trockenheit und Waldbrände zu. Der **Anstieg des Meeresspiegels** bedroht in den **dichtbevölkerten Küstengebieten**, z. B. in Bangladesch, Millionen Menschen in ihrer Existenz und schädigt darüber hinaus **Mangroven und Korallenriffe**.

Während die Landwirtschaft im Süden vor schwierigen Umwälzungen steht, kann sich die **Landwirtschaft im Norden ausbreiten**. Davon profitiert vor

Das Wichtigste in Kürze

- Die von Wissenschaftlern prognostizierte Klimaerwärmung wird weltweite Auswirkungen haben.
- Neben einer veränderten Niederschlagsverteilung und einer Zunahme von Wetterextremen sind erhebliche Auswirkungen auf die Tier- und Pflanzenwelt sowie die Land- und Forstwirtschaft zu erwarten. Auch andere Wirtschaftsbereiche, wie etwa der Tourismus, werden beeinträchtigt.
- Die Folgen der Klimaerwärmung werden die einzelnen Erdteile sehr unterschiedlich treffen.

Deutschland muss mit einer Zunahme der Sturmschäden rechnen.

allem Russland. Andererseits verursacht das Auftauen der Permafrostgebiete Schäden an der Infrastruktur (Verkehrswege, Versorgungsleitungen). In den Touristengebieten Südostasiens führen Hitze und die zunehmende Gefahr durch **Tropenkrankheiten** zum Rückgang der Urlauberzahlen und damit zu wirtschaftlichen Einbußen.

▷ Afrika

Häufige Dürren, **Überflutungen** und andere Wetterextreme beeinträchtigen besonders die Landwirtschaft, von der in Afrika sehr viele Menschen abhängig sind. Die Wüsten breiten sich weiter aus. Die Ausbreitung von gefährlichen Tropenkrankheiten (Malaria u. a.) ist eine weitere Folge.
Als Kontinent mit einer überwiegend schwachen Ökonomie dürfte Afrika der **große Verlierer des Klimawandels** werden. Damit steigt aber auch die Zahl der so genannten Umweltflüchtlinge, mit Folgen für die gesamte Welt.

▷ Australien und Neuseeland

Hier sind **mehr Trockenperioden** und **Waldbrände** zu erwarten, ebenso eine Zunahme der **Tropenstürme**. Die Landwirtschaft wird im weiteren Verlauf des Klimawandels vor allem wegen Wassermangels negative Folgen spüren. **Viele Arten der einzigartigen Tier- und Pflanzenwelt** werden **den Klimawandel** vermutlich **nicht überstehen**.

▷ Amerika

Die **Landwirtschaft im Norden** (Kanada) **gewinnt** durch die Verschiebung der Ackerbaugrenze. In den **südlicheren Teilen der USA** nehmen **Tropenstürme** weiter an Heftigkeit zu,

Für die den Süden der USA und Teile Mittelamerikas wird mit stärkeren Wirbelstürmen und einer Zunahme wetterbedingter Schäden gerechnet.

damit wachsen auch die **wetterbedingten Schäden** an. Einzigartige Ökosysteme wie Prärien, Sümpfe oder die arktische Tundra stehen auf der Verliererseite, ebenfalls die dort lebenden Ureinwohner. Problematischer ist die Lage in **Mittel- und Südamerika**, wo die **ärmeren Staaten massiv vom Klimawandel betroffen** sind (Wirbelstürme, Überflutungen, Dürren, Probleme bei der Wasser- und Nahrungsmittelsversorgung).

▷ Polarregionen

Während in der Antarktis die Folgen der Erderwärmung weniger drastisch ausfallen, zeigt sich in der Arktis der **Klimawandel** besonders **stark** und **schnell**. Es wird befürchtet, dass sich Arten wie der Eisbär nicht rasch genug an die geänderten Bedingungen anpassen können. Auch viele Indigene werden in ihrer Lebensweise massiv betroffen sein. Ende des Jahrhunderts könnte das **arktische Meereis im Sommer komplett veschwunden sein**. Ein Vorteil: Der Seeweg Europa – Japan wird kürzer ...

▷ Inselstaaten

Auch viele Inselstaaten stehen auf der **Verliererseite**. Hauptproblem ist der **drohende Anstieg des Meeresspiegels**, der die **Süßwasservorräte** vieler Inseln akut bedroht und die Küsten überflutet. Dies bleibt auch nicht folgenlos für die Fischerei. Auch der wichtige Wirtschaftszweig **Tourismus** muss mit deutlichen **Einbußen** rechnen. Manche Inseln werden vollständig von der Weltkarte verschwinden.

Wirbelsturm.

Klimapolitik

Jahrhundertsommer, Klimaschock, Monsterhurrikane – in den letzten Jahren schaffte es das Klima immer wieder in die Schlagzeilen und die öffentliche Diskussion. Auf politischer Ebene ist das Thema schon länger im Gespräch.

Erste Schritte im Klimaschutz

Internationale Vereinbarungen zum Schutz des Klimas traf erstmals die Weltumweltkonferenz 1972 in Stockholm. Sie gründete das „**Earthwatch**"-Programm, dessen Ziel es war, sämtliche von den im UN-Gesamtsystem arbeitenden Institutionen gewonnenen Umweltdaten zu sammeln und auszuwerten. Damit sollten Veränderungen der Umwelt möglichst frühzeitig erkannt und Entscheidungsgrundlagen für umweltpolitische Maßnahmen geliefert werden.

Die erste Weltklimakonferenz 1979 in Genf markierte mit dem Start des **Weltklimaprogramms** (World Climate Programme, WCP) den Beginn intensiver internationaler Bemühungen um ein wissenschaftlich begründetes Verständnis von Klimaveränderungen.

1988 folgte in Toronto die Weltklimakonferenz über Veränderungen der Atmosphäre mit der Gründung des **IPCC**.

1990 fand in Genf die zweite Weltklimakonferenz statt, auf der es auch

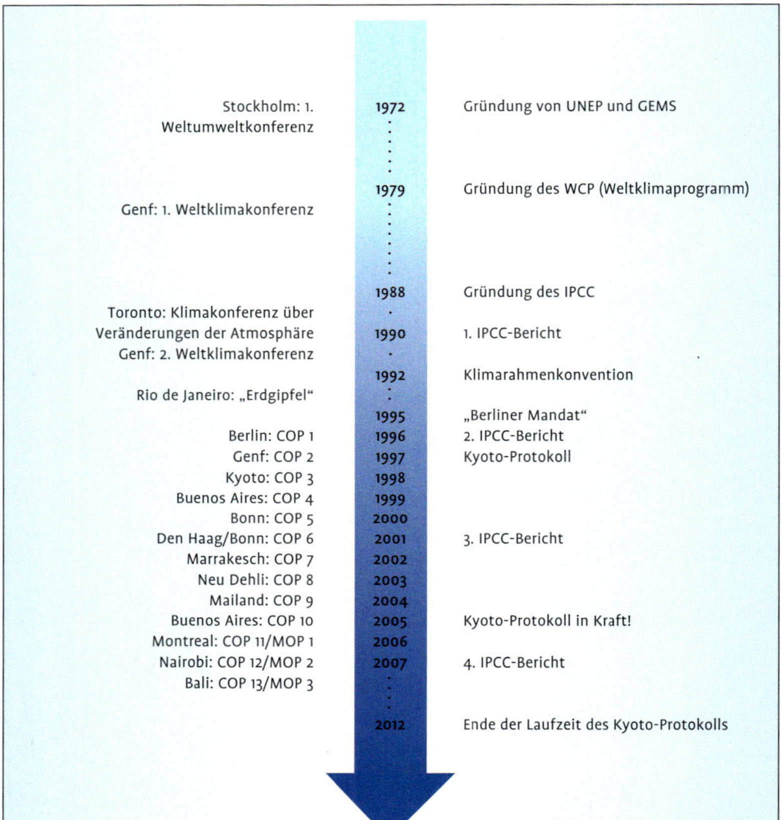

Schritte im Klimaschutz

um die Problematik des Ozonlochs und den Schutz der Ozonschicht ging. Ein erster Höhepunkt im internationalen Klimaschutz war 1992, genau zwanzig Jahre nach Stockholm, die Konferenz der Vereinten Nationen über Umwelt und Entwicklung (United Nations Conference on Environment and Development, UNCED) in Rio de Janeiro.

Der Erdgipfel von Rio

Auf dem **„Erdgipfel“ von Rio**, an dem rund 10.000 Delegierte aus 178 Staaten teilnahmen, wurden mehrere wichtige Dokumente verabschiedet, u. a. die **Rahmenkonvention zum Klimawandel** (United Nations Framework Convention on Climate Change, UNFCCC).

Klimaschutz – eine globale Aufgabe.

Klimarahmenkonvention von 1992

„Das Endziel dieses Übereinkommens ist es, ... die Stabilisierung der Treibhausgaskonzentration in der Atmosphäre auf einem Niveau zu erreichen, auf dem eine gefährliche anthropogene Störung des Klimasystems verhindert wird. Ein solches Niveau sollte innerhalb eines Zeitraumes erreicht werden, der ausreicht, damit sich die Ökosysteme auf natürliche Weise den Klimaänderungen anpassen können, die Nahrungsmittelerzeugung nicht bedroht wird und die wirtschaftliche Entwicklung auf nachhaltige Weise fortgeführt werden kann."

Obwohl vage formuliert und rechtlich unverbindlich, lieferte sie doch den Rahmen für alle künftigen internationalen Bemühungen zum Klimaschutz: Seit 1995 kommen die Vertragsstaaten alljährlich zu einer Vertragsstaatenkonferenz (Conference of the Parties, COP) zusammen.

Von Rio bis Kyoto

COP 1, die 1995 in Berlin stattfand, verabschiedete als ihr wichtigstes Resultat das „**Berliner Mandat**". Darin wurden die Vorgaben von Rio als nicht ausreichend bezeichnet und den Industriestaaten die Hauptverantwortung für den Klimaschutz übertragen. Bei der COP 2 in Genf im Jahr darauf erkannte die Mehrheit der Teilnehmer mit der „**Genfer Erklärung**" die Ergebnisse des zweiten IPCC-Berichts – einen „erkennbaren menschlichen Einfluss auf das globale Klima" – erstmals ofiziell an. Die COP 3 in Japan brachte 1997 mit dem „**Kyoto-Protokoll**" den bislang größten Schritt im Klimaschutz.

Das Kyoto-Protokoll

Mit dem Kyoto-Protokoll verpflichteten sich die Industriestaaten als Gruppe, die Emission wichtiger Treibhausgase (Kohlendioxid, Methan, Lachgas u. a.) zwischen 2008 und 2012 um durchschnittlich 5,2 % unter den Wert von 1990 zu senken. Die EU legte sich

Welchen Ausweg gibt es? Im Kyoto-Protokoll sind drei Mechanismen festgelegt.

auf 8 %, Deutschland auf 21 %, die USA auf 7 %, Japan und Kanada auf je 6 % fest, während Russland und die Ukraine zusagten, das Niveau von 1990 nicht zu überschreiten. Die Entwicklungsländer einschließlich Indiens und der Volksrepublik China akzeptierten keinerlei Begrenzung. Um die jeweils festgelegten Ziele zur Emissionsreduzierung zu erreichen, wurden drei flexible Mechanismen entwickelt:

1. Handel mit Emissionsrechten

Ähnlich wie der Wert von Unternehmen in Aktien gestückelt wird, werden die zulässigen Emissionen eines Landes in Zertifikate aufgeteilt. Die Länder teilen diese Zertifikate einzelnen Unternehmen entsprechend ihrer bisherigen Emissionen zu. Unternehmen, die ihre zukünftigen Reduktionsverpflichtungen nicht erfüllen können, müssen dann Zertifikate von Unternehmen kaufen, die bereits Emissionen reduziert haben. Wer Emissionen einspart, kann sogar Geld verdienen! Marktwirtschaftliche Mittel sollen also dazu beitragen, die Schadstoffemissionen zu reduzieren und umweltfreundlichere Technologien durchzusetzen. Das auf die Industriestaaten beschränkte System erlaubt auch zwischenstaatlichen Emissionshandel.

2. Gemeinsame Umsetzung

Finanziert ein Industriestaat in einem anderen Maßnahmen zur Reduktion von Emissionen, hat er das Recht, sich diese Emissionsminderung als

Das Wichtigste in Kürze

- Seit 1972 kommt die internationale Staatengemeinschaft regelmäßig zu Klimakonferenzen zusammen.
- Der Erdgipfel von Rio 1992 und das Protokoll von Kyoto 1997, das die verbindliche Reduktion klimawirksamer Gase bis 2012 vorsieht, sind Meilensteine der Klimapolitik.
- Die Bemühungen um den Schutz der Ozonschicht sind ein Mut machendes Beispiel, wie internationale Übereinkommen durchaus Erfolge zeigen können.

Klimaschutz geht alle an.

Einsparung anrechnen zu lassen und selbst entsprechend mehr Treibhausgase zu emittieren.

3. Mechanismus für umweltverträgliche Entwicklung

Industriestaaten können das Recht erwerben, mehr Treibhausgase zu emittieren, wenn sie Maßnahmen zur Emissionsminderung in Entwicklungsländern finanzieren, die selbst keine Verpflichtung zur Reduzierung von

Eine Erfolgsgeschichte?

Dass internationale Vereinbarungen durchaus Erfolge zeigen können, beweist die Entwicklung um das so genannte Ozonloch. 1974 wurde von Wissenschaftlern erstmals auf die Zerstörung der Ozonschicht durch Chlor aus industriellen Treibhausgasen (FCKWs) hingewiesen. In den Folgejahren vergrößerte sich das Ozonloch über den Polen ständig, gleichzeitig stieg auch der Druck auf die Politik, Lösungen zu finden. Als Meilenstein gilt die Internationale Konferenz zum Schutz der Ozonschicht in Montreal von 1987, in der sich 48 Staaten zu einer drastischen Verringerung der ozonzerstörenden Substanzen verpflichteten. Bis 1999 wurden die Bestimmungen laufend verschärft. 1990 wurde der Multilaterale Ozon-Fonds eingerichtet, dessen Gelder Entwicklungsländer beim Ausstieg aus der FCKW-Nutzung unterstützen. Inzwischen gehen Studien davon aus, dass sich das Ozonloch über der Antarktis bis 2070 geschlossen haben wird. Ein ermutigendes Beispiel, wie durch gemeinsames Handeln durchaus etwas zum Schutz von Umwelt und Klima getan werden kann. Allerdings genügte im Wesentlichen ein weltweites Verbot einiger weniger, relativ leicht ersetzbarer chemischer Substanzen.

Inseln – bedrohte Paradiese: Viele Inselstaaten werden wegen des ansteigenden Meeresspiegels zu den Verlierern des Klimawandels zählen.

Emissionen eingegangen sind. Diese Maßnahmen müssen aber die nachhaltige Entwicklung des betreffenden Landes fördern.

Was folgt nach Kyoto?

Wie schwierig es ist, weltweit zu einer Einigung im Klimaschutz zu kommen, zeigt die Entwicklung nach Kyoto. Das Kyoto-Protokoll konnte erst nach der Ratifizierung durch mindestens 55 Staaten, die zusammen für mindestens 55 % des 1990 emittierten CO_2 verantwortlich waren, in Kraft treten – was also erst 2005, nach der Ratifikation durch Russland, der Fall war. Inzwischen haben 141 Staaten ratifiziert, die zusammen für 62 % der CO_2-Emissionen verantwortlich sind und 85 % der Weltbevölkerung repräsentieren. Vier Industrieländer sind noch nicht dabei: Australien, Kroatien, Monaco und die USA – mit gut einem Viertel des weltweiten Ausstoßes der größte Emittent von CO_2.

Die COP 11 (2005) in **Montreal** mit Teilnehmern aus 188 Ländern war die erste Konferenz nach Inkrafttreten des Kyoto-Protokolls und damit zugleich die 1. Konferenz der Vertragsstaaten (Meeting of the Parties of the Protocol, MOP 1). Auf der Konferenz in **Nairobi** 2006 wurde der Klimawandel zwar als größte Herausforderung in der Geschichte der Menschheit bezeichnet, auf konkrete Schritte über 2012 hinaus konnte man sich allerdings noch nicht festlegen.

Ein wärmeres Klima ist doch schön! Oder?

Klimawandel – Fakt oder Panikmache?

„Alles halb so schlimm!" – „Der Mensch ist nicht schuld." Solche Meldungen kursieren immer wieder durch die Medien. Wie sicher sind die Prognosen? Bleibt der Klimawandel aus?

Fakten

Jeder Blick in die Zukunft ist zwangsläufig mit **Unsicherheiten** behaftet. Das trifft auch auf die Prognosen zum Klimawandel zu. Zweifellos gibt es Aspekte, die noch nicht ausreichend verstanden und Gegenstand aktueller Forschungen sind, aber bestimmte **Kernaussagen** werden vom überwältigenden Teil der Klimaforscher als belegt angesehen:

- Die **Konzentration von CO_2 in der Atmosphäre ist seit 1850 deutlich gestiegen** (von 280 ppm auf inzwischen 379 ppm).
- Für diesen Anstieg ist im Wesentlichen die Verbrennung fossiler Energieträger und die Brandrodung von Wäldern (v. a. in den Tropen) verantwortlich – und damit ist **der Mensch der Verursacher**.
- **CO_2 ist ein klimawirksames Gas**, das den Treibhauseffekt verstärkt.
- Das **Globalklima hat sich signifikant erwärmt**. Ausschließlich natürliche Ursachen können diese Erhöhung nicht erklären.

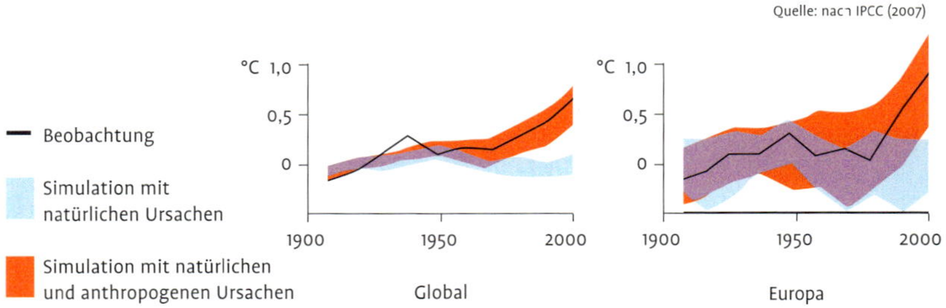

Projektionen auf dem Prüfstand: Einfluss des Menschen auf die Erderwärmung in den letzten 30 Jahren.

Trotzdem werden der Klimawandel und seine Folgen immer wieder heruntergespielt. Folgende Argumente werden von den „Skeptikern" meist vorgebracht:

„Der Mensch ist nicht schuld."

„Die Erderwärmung hat andere Ursachen als Treibhausgase."

- Das Klima wird von unterschiedlichen Faktoren beeinflusst. Die über lange Zeiträume wirkenden Faktoren (Änderungen in der Erdbahn, Kontinentaldrift, ...) können für die Erwärmung der letzten 100 Jahre nicht verantwortlich sein. Auch der eher kurzfristig wirksame Vulkanismus kann mangels Vulkanausbrüchen in der jüngeren Vergangenheit nicht als Erklärung dienen. Also die Sonne?

„Die Erderwärmung wird durch eine Änderung der Sonnenaktivität ausgelöst."

- Es ist unbestritten, dass Schwankungen der Sonnenaktivität in der Vergangenheit zu Klimaänderungen beigetragen haben. Die Klimaschwankungen des letzten Jahrtausends lassen sich damit sogar sehr gut abbilden. Die Erwärmung im 20. Jahrhundert kann mit der Sonnenaktivität allein aber nicht erklärt werden, sie ist seit 1940 relativ stabil.

„Die CO_2-Zunahme ist Folge der Erderwärmung und nicht Ursache."

- In der Erdgeschichte zeigt sich ein enger Zusammenhang zwischen CO_2-Gehalt und Temperatur. Sinkt oder steigt die Temperatur (ausgelöst z. B. durch Änderungen in der Erdumlaufbahn), folgt mit Verzögerung auch eine Ab- oder Zunahme des CO_2-Gehalts. Umgekehrt führt aber auch eine Zu- oder Abnahme des CO_2 zu einer entsprechenden Änderung der Temperatur. Es kommt also nur darauf an, welcher Faktor sich zuerst ändert – und in welche Richtung. Derzeit folgt die Temperatur mit einiger Verzögerung dem steigenden CO_2-Gehalt.

„Die Erwärmung ist nicht vom CO_2-Gehalt der Atmosphäre abhängig."

- Tatsächlich ist das CO_2 nicht alleine für die Erderwärmung verantwortlich, sondern im Verbund mit anderen Treibhausgasen (Grafik S. 71). Der Löwenanteil von 60 % entfällt aber auf das CO_2.

„Der Mensch hat mit dem Anstieg des CO_2 nichts zu tun."

- Es ist genau bekannt, wie viele fossile Brennstoffe in der Vergangenheit gefördert und verbrannt wurden und wie viel CO_2 dadurch in die Atmosphäre gelangt ist. Etwa die Hälfte dieser Menge wurde von den Ozeanen und der Biosphäre aufgenommen, der Rest entspricht ziemlich genau dem gemessenen Anstieg der CO_2-Konzentration. Anhand der Isotopenzusammensetzung kann zudem nachgewiesen werden, dass etwa 75 % des zusätzlichen CO_2 aus fossilen Brennstoffen stammt. Für den Rest ist vor allem Brandrodung verantwortlich.

Der beobachtete Temperaturverlauf seit 1850 kann weder durch natürliche Faktoren (Solaraktivität, Vulkanismus), noch durch anthropogene Faktoren (Treibhausgase) allein erklärt werden. Die beste Abbildung der Realität erzielen Modellsimulationen und Projektionen, die **natürliche** und **anthropogene Ursache überlagern**. (Abb. S. 94) Diese Modellberechnungen belegen auch den erheblichen Einfluss des Menschen auf die Erderwärmung der letzten 30 Jahre.

„So schlimm wird es schon nicht ..."

... meinen Klimaskeptiker, die die Folgen der Klimaerwärmung herunterspielen oder darin sogar überwiegend positive Effekte sehen:

Der Rückgang der Alpengletscher ist ein Beleg für die bereits erfolgte Klimaerwärmung.

„Verschiedene Rückkopplungsmechanismen werden die Erwärmung stoppen oder wieder zurückführen!"

- Wie auf Seite 73 f. gezeigt, ist eine Reihe von Mechanismen noch nicht ausreichend erforscht. **Rückkopplungen**, die die beobachtete Erwärmung **kompensieren oder rückgängig machen** könnten, sind allerdings derzeit **nicht bekannt**. Der Blick in die Klimageschichte zeigt, dass es diese Mechanismen wohl auch nie gegeben hat. Im Gegenteil, ab einem **bestimmten Schwellenwert kippt das System** aus seinem Gleichgewicht und sehr starke Umwälzungen sind zu erwarten.

„Das Klima hat sich ja immer wieder verändert."

- Dieses Argument belegt mehr die **Empfindlichkeit** des Systems, als dass es zur Entwarnung beitragen könnte. Zudem ist die Geschwindigkeit, mit der die weltweite Erwärmung seit etwa 30 Jahren voranschreitet, in der Geschichte beispiellos.

Das Wichtigste in Kürze

- Der Einfluss des Menschen auf die Klimaerwärmung der letzten 100 Jahre kann als belegt angesehen werden.
- Trotzdem werden grundlegende Zusammenhänge von so genannten „Klimaskeptikern" immer wieder geleugnet oder angezweifelt. Die Argumente dieser Klimaskeptiker halten einer genaueren Überprüfung aber meist nicht stand.

Eine Folge der Erderwärmung wird die Häufung von Wetterextremen sein.

„CO_2 ist gut für das Pflanzenwachstum und damit für die Welternährung."

- CO_2 fördert das Pflanzenwachstum. Zunächst wird es daher vermutlich tatsächlich einen Düngeeffekt geben – vor allem in den höheren Breiten. Mit zunehmendem und beschleunigtem Klimawandel dürften aber die **negativen Auswirkungen** wie Trockenstress u. a. überwiegen. Ein Beispiel ist der „Jahrhundertsommer" 2003. Messungen zufolge blieb das Pflanzenwachstum in Europa 30 % hinter dem sonst üblichen Wert zurück!

„Der Mensch wird rechtzeitig entsprechende technische Erfindungen machen."

- Inzwischen sind schon eine Reihe – z. T. auch kuriose – Vorschläge eingebracht worden. Manche der Vorschläge erfordern so drastische Eingriffe, dass die Folgen völlig unkalkulierbar sein dürften. Andere Überlegungen, wie die Abscheidung und Einlagerung von CO_2 bei Verbrennungsprozessen, werden ernsthaft diskutiert. Ob sie tatsächlich eine Lösung darstellen können, ist derzeit ungewiss (S. 105 f.).

Auf den Klimawandel reagieren

Nach uns die Sintflut? Der Klimawandel hat bereits begonnen – aber es ist noch nicht zu spät zum Gegensteuern.

Wir sind bereits drin ...

Nach dem gegenwärtigen Stand der Forschung muss in absehbarer Zukunft mit einem weiteren **Anstieg der CO_2-Konzentration** gerechnet werden. Selbst bei einem sofortigen Stopp aller Emissionen wird sich der Klimawandel **nicht aufhalten lassen** (S. 77).
Die Temperatur wird zunächst weiter zunehmen, der Anstieg der Meeresspiegel kann sich sogar noch über mehrere Jahrhunderte fortsetzen.

Auf der Verursacherseite, bei den Emissionen, stößt eine merkliche Reduktion klimarelevanter Gase auf erhebliche Widerstände. Die USA, zurzeit zu 1/4 am aktuellen CO_2-Ausstoß beteiligt, hat den Vertrag von Kyoto nicht ratifiziert. China, der zweitgrößte Emittent, empfindet die Forderung nach Klimaschutzmaßnahmen als Behinderung seiner wirtschaftlichen Entwicklung und wird die USA als Spitzenemittent bald ablösen. Andere bevölkerungsreiche Schwellenländer wie Indien oder Brasilien sehen vor allem die In-

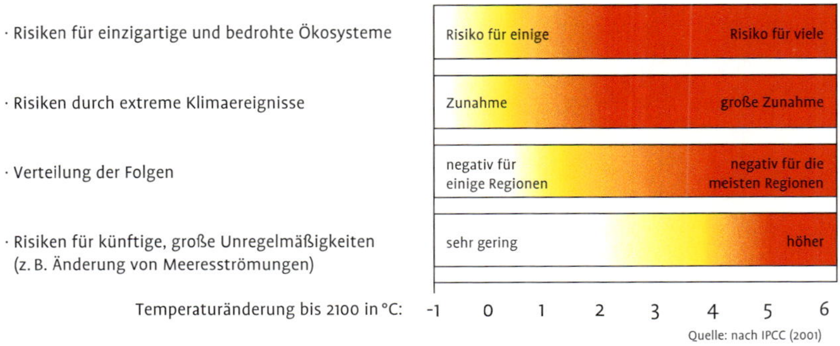

Abschätzung von Toleranzgrenzen (Leitplanken): Je größer die Temperaturzunahme, desto schwerwiegender die Folgen.

dustrienationen in der Pflicht. Die weltweite **Bevölkerungsentwicklung** lässt zudem einen **weiter steigenden Energiebedarf** und somit steigende Treibhausgasemissionen erwarten.

Weiter so?

Ein „Weiter So" ist aber keinesfalls akzeptabel, da ein beschleunigter Klimawandel zu viele **Risiken** in sich birgt – ein Experiment mit unbekanntem Ausgang! Außerdem wird die Möglichkeit zum Gegensteuern mit zunehmendem Fortschreiten des Klimawandels immer schwerer, wenn nicht unmöglich. Maßnahmen zum Klimaschutz bedeuten zwar einen finanziellen Aufwand, dem stehen aber **hohe volkswirtschaftliche Kosten** gegenüber, die der Klimawandel schon heute verursacht – und die in Zukunft noch deutlich höher ausfallen könnten. Nach einem Bericht des Umweltbundesamtes von 2005 kann der volkswirtschaftliche Schaden im Jahr 2050 weltweit mehrere Billionen Euro erreichen. Allein auf Deutschland würden demnach pro Jahr Kosten in Höhe von ca. 100 Mrd. Euro zukommen (Zum Vergleich: Der Bundeshaushalt 2006 bewegte sich in einem Gesamtvolumen von 260 Mrd. Euro). Auch wenn solche Zahlen mit Vorsicht zu betrachten sind, erscheint eines sicher: Je länger gewartet wird, umso teurer wird es …

Was nun?

Ziel muss es deshalb sein, die **Konzentration wichtiger Treibhausgase** in der Atmosphäre – allen voran CO_2 –

Bei der Reduktion der CO2-Emissionen spielen die erneuerbaren Energien eine wichtige Rolle. Die Reduktions-Vorgaben des Kyoto-Protokolls können dabei allerdings nur ein erster Schritt sein.

so schnell wie möglich zu **stabilisieren** bzw. **zurückzufahren**, wie es in der Klimarahmenkonvention formuliert ist (S. 89). Die Maßnahmen des Kyoto-Protokolls sind nach Ansicht der meisten Experten zwar ein erster Schritt in die richtige Richtung, werden den Anstieg der CO_2-Konzentration und der globalen Durchschnittstemperatur aber selbst bei vollständiger Umsetzung der Beschlüsse kaum bremsen können. Über 2012 hinaus werden noch deutlichere Reduktionsziele notwendig sein.

Leitplanken

Je langsamer sich der Klimawandel vollzieht, desto mehr Zeit steht zur

Das Wichtigste in Kürze

- Wir befinden uns mitten in einem Klimawandel.
- Auch bei sofortigem Umsteuern ist mit einer weiteren Zunahme der globalen Durchschnittstemperaturen und den entsprechenden Folgen zu rechnen.
- Damit die Klimaerwärmung in einem tragbaren Rahmen bleibt, werden „Leitplanken" festgelegt – Maximalwerte für CO_2-Gehalt, Temperaturanstieg und Globaltemperatur.
- Um innerhalb dieser Leitplanken zu bleiben und die Belastungen für Mensch und Umwelt verkraftbar zu gestalten, sind die Reduzierung der Emissionen und Anpassungen an die Folgen des Klimawandels nötig.

Wenn die Folgen des Klimawandels noch beherrschbar bleiben sollen, darf die globale Mitteltemperatur um nicht mehr als 2°C gegenüber den vorindustriellen Werten ansteigen. 0,8°C Temperaturanstieg sind allerdings schon erreicht.

Verfügung, auf Veränderungen zu reagieren. Forscher versuchen daher, Toleranzgrenzen zu ermitteln – **Leitplanken**, damit das Klima nicht ins Schleudern gerät: Wie stark darf der CO_2-Gehalt der Atmosphäre wachsen, um die Folgen des Klimawandels beherrschbar zu halten? Wie hoch darf die Temperatur maximal steigen, damit unumkehrbare Ereignisse – wie das Abreißen des Golfstroms – nicht eintreten? Innerhalb dieser Leitplanken kann die weitere Entwicklung in einigermaßen sicheren **Korridoren** geleitet werden. Derartige Schwellenwerte sind allerdings schwer festzulegen, weil die Reaktion des Klimasystems mit Unsicherheiten behaftet ist und die Klimarisiken unterschiedlich hoch sind. So steigt das Risiko für Schäden bei einigen speziellen Ökosystemen mit jedem Grad Temperaturzunahme. Die Änderung von Meeresströmungen wird dagegen erst bei einer deutlichen Temperaturzunahme wahrscheinlich.

Der WBGU (Wissenschaftlicher Beirat der Bundesregierung Globale Umweltveränderungen) empfiehlt z. B., den CO_2-Anteil in der Atmosphäre innerhalb der nächsten 100 Jahre nicht über 450 ppm ansteigen zu lassen. Dies entspräche einem Anstieg der globalen Durchschnittstemperatur bis 2100 um 2 °C gegenüber dem vorindustriellen Wert. Auch andere Gremien halten diese Toleranzgrenze und eine Erwärmungsgeschwindigkeit von max. 0,2 °C pro Dekade für gerade noch verkraftbar. Diese Werte sind aus der Schwankungsbreite und -geschwindigkeit der Klimaänderungen der vergangenen 100.000 Jahre abgeleitet. Sie berücksichtigen die für die Weltge-

Emissionsreduzierung alleine ist keine Antwort auf die Herausforderungen des Klimawandels. Gegen die nicht mehr vermeidbaren Folgen der Erderwärmung hilft nur eine möglichst gute Anpassung.

meinschaft gerade noch tragbaren Anpassungskosten an den Klimawandel.

Zweigleisig fahren

Um innerhalb der 2 °C-Leitplanken zu bleiben, müssten die Emissionen der Treibhausgase CO_2, Methan und Lachgas deutlich reduziert werden. Da die globale Jahresmitteltemperatur heute bereits um ca. 0,8 °C über dem vorindustriellen Wert liegt, wäre allein bei den weltweiten CO_2-Emissionen bis 2050 eine Reduzierung um 45–60 % notwendig – bezogen auf den Stand von 1990.

Da der Klimawandel ein **globales Problem** ist, müssen Lösungen auch global ansetzen. Bei den erforderlichen Maßnahmen sind die unterschiedlichen Bedingungen in den einzelnen Ländern und deren Leistungsfähigkeit zu berücksichtigen. Um auch Entwicklungsländer und vor allem Schwellenländer wie Indien oder Brasilien mit einzubinden, werden Pro-Kopf-Emissionsrechte als Grundlage für internationale Vereinbarungen diskutiert. Das bedeutet, dass die Industrieländer mit entsprechend hohen Pro-Kopf-Werten ihre Emissionen stärker reduzieren müssen, Entwicklungsländer mit niedrigen Emissionen können diese u. U. noch leicht erhöhen.

Neben der Reduktion der Emissionen ist nach Meinung vieler Experten zusätzlich ein 2. Weg einzuschlagen, nämlich die Anpassung an die Folgen des Klimawandels. Eine **Anpassung** ist aber auch nur dann möglich, wenn sie nicht zu schnell erfolgen muss. Deshalb ist Weg 2 ohne Weg 1 nicht zu realisieren.

Geringe Anpassungsfähigkeit – ein Korallenriff.

Zwischen Zurückrudern und Anpassen

Klimaexperten sehen die nächsten 10–20 Jahre als das Zeitfenster, in dem wirkungsvolle Maßnahmen gegen den Klimawandel ergriffen werden müssen.

Strategien zur Emissionsreduzierung

Der Energiebedarf der Welt ist eine der Hauptursachen für die hohen CO_2-Emissionen. Nach allen Prognosen wird er auch in Zukunft steigen. Als Emissionsquellen spielen vor allem Anlagen zur Strom- und Wärmeerzeugung (ca. 40%) sowie der Verkehrssektor (ca. 24%) eine Rolle. Um die Emissionen bis zum Jahr 2100 merklich zu reduzieren (S. 101), bieten sich folgende Lösungen an:

- Umstellung der Energieversorgung von fossilen Energieträgern hin zu regenerativen Energien
- Energie-Einsparung durch Effizienzsteigerung und weniger Energie verbrauchende Produktion
- CO_2-Abscheidung und -Speicherung (vor allem als Übergangslösung).

Auf andere Energieträger setzen

Ziel muss sein, bei steigendem Primärenergiebedarf fossile Energieträ-

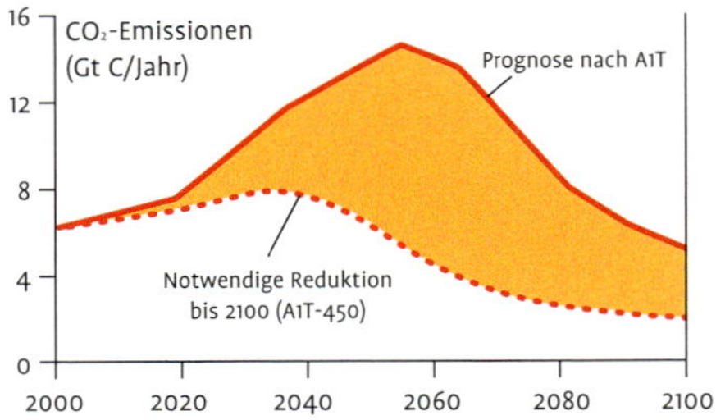

Begrenzung der CO_2-Konzentration bis 2100 auf 450 ppm durch Reduktion der CO_2-Emissionen:

- Nutzung regenerativer Energieträger
- Effizienssteigerung, Einsparung
- Speichern und Filtern

Quelle: nach WBGU (2003)

Die Begrenzung des Temperaturanstiegs auf maximal 2°C erlaubt einen CO_2-Gehalt der Atmosphäre von maximal 450 ppm. Dies erfordert eine stärkere Reduktion der CO_2-Emissionen als im ohnehin schon optimistischen SRES-Szenario A1T.

ger mehr und mehr durch CO_2-freie bzw. -arme Alternativen zu ersetzen:

▷ Die Regenerativen

Zu den **regenerativen Energien** zählen Solarthermie und Fotovoltaik, Wind- und Wasserkraft, Geothermie und Biomassenutzung. Nur bei der Verwertung von Biomasse entsteht CO_2, allerdings nur so viel, wie die Pflanzen zuvor der Atmosphäre entzogen haben. Die Biomassenutzung wird deshalb als **CO_2-neutral** bezeichnet. Ob und wann die regenerativen Energien in der Lage sein werden, die fossilen Energieträger zu ersetzen, wird sehr kontrovers und auch emotional diskutiert. Sie können aber bereits jetzt schrittweise zu einer immer **geringeren Abhängigkeit** von fossilen Energieträgern beitragen. Ein Umsteuern ist allein schon auf Grund der **Endlichkeit fossiler Energieträger** und immer weiter steigender Energiekosten sinnvoll.

▷ Atomkraft – na klar?

Weil Atomkraftwerke im laufenden Betrieb kein CO_2 emittieren, wird die Kernenergie von ihren Befürwortern als eine Lösung des Klimaproblems gesehen. Derzeit sind weltweit etwa 440 Atomkraftwerke in Betrieb. Um die fossilen Energieträger aber wirkungsvoll ersetzen zu können, wären mehrere tausend neue Kernkraftwerke nötig. Ob dies angesichts potentieller Risiken beim Betrieb und der noch nicht zufriedenstellend gelösten Endlagerung radioaktiver Abfälle einen gangbaren Weg darstellt, ist sehr umstritten. Außerdem sind auch die Uranvorräte der Erde begrenzt.

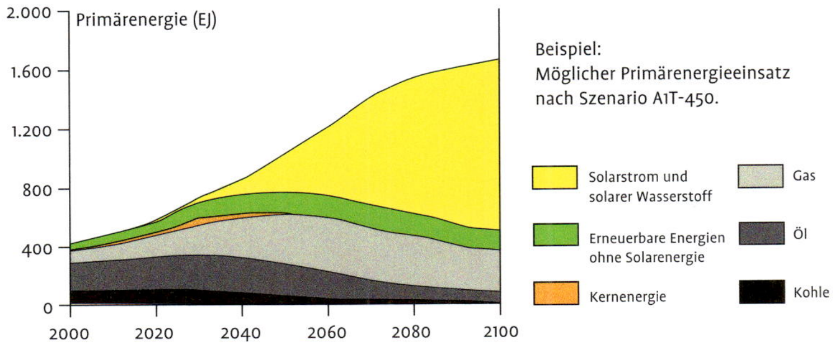

Soll der CO_2-Gehalt der Atmosphäre bei 450 ppm stabilisiert werden, müssen die erneuerbaren Energien langfristig den Großteil der Energieversorgung abdecken.

▷ Gas statt Kohle

Eine kurzfristig wirksame Alternative ist die verstärkte Nutzung von Erdgas. Im Vergleich zu Kohle und Erdöl wird bei der Verbrennung von Gas deutlich weniger CO_2 freigesetzt. Dies wäre eine **Zwischenlösung**, solange eine Umstellung auf regenerative Alternativen noch nicht in ausreichendem Umfang erfolgt ist.

Energie sparen

Energie, die nicht benötigt wird, verursacht auch keine CO_2-Emissionen. Deshalb steckt in einer Verbesserung der Energieeffizienz möglicherweise das größte Potential, wirkungsvoll zum Klimaschutz beizutragen. Sowohl bei der Erzeugung und Verteilung von Strom und Wärme wie auch in der industriellen Produktion, im Wohnungsbau oder im Verkehrsbereich gibt es viele Möglichkeiten, **durch moderne Technik Energie einzusparen**.

Speichern und Filtern

Auch die **Speicherung von Kohlenstoff** in Biomasse kann zur Verringerung der CO_2-Konzentration beitragen. Hier ist vor allem die Speicherfunktion der Wälder von Bedeutung. Aus diesem Grund ist im Kyoto-Protokoll die Möglichkeit enthalten, die Kohlenstoffspeicherung in so genannten **terrestrischen Senken** (Wäldern, Böden, ...) mit den Emissionsverpflichtungen zu verrechnen. Allerdings erfolgt die Kohlenstoffspeicherung in Wäldern langsam und erst ab einem gewissen Alter der Wälder. Zudem

In Wäldern sind große Mengen CO_2 gespeichert. Sterben die Wälder ab oder werden abgebrannt, verwandeln sie sich in CO_2-Quellen.

kann sich ein Wald schnell von einer CO_2-Senke in eine Quelle verwandeln, wenn z. B. das Wachstum wegen Trockenheit nachlässt oder der Wald gerodet und sein Holz verbrannt wird. Ein wirkungsvoller Speichereffekt ergibt sich, wenn Holz in langlebigen Produkten verarbeitet wird, z. B. beim Bau von Häusern oder Möbeln.

Die Überlegung, durch **Düngung der Ozeane** das Planktonwachstum anzuregen und der Atmosphäre dadurch CO_2 zu entziehen, erwies sich nach ersten Versuchen als wenig geeignet. Nur ein minimaler Anteil des anfänglich im Plankton gebundenen Kohlenstoffs blieb langfristig gespeichert, der Großteil wurde über die Nahrungskette bald wieder freigesetzt. Welche Nebenwirkungen darüber hinaus auftreten können, lässt sich kaum abschätzen.

Eine andere Möglichkeit ist, **CO_2 bei der Verbrennung abzuscheiden**, in unterirdische Hohlräume (z. B. ausgebeutete Kohle- und Öllagerstätten) oder entsprechende Gesteinsschichten zu pressen und damit der Atmosphäre langfristig zu entziehen. Man würde damit, so die Befürworter dieser Technik, das durch die Verbrennung von Kohle, Erdöl und Gas freigesetzte CO_2 wieder zurück in die Lithosphäre verfrachten. Bislang sind die Kosten derartiger Verfahren aber noch nicht näher bekannt.

Auch ist die Abscheidung sowie der Transport energieaufwändig. Interessant ist diese Technik nur für die großen Emissionsquellen wie Kraftwerke oder Industrieanlagen. Erste Pilotanlagen werden derzeit gebaut und getestet. Das CO_2, das sich aus vielen kleinen Quellen – wie Autos, Flugzeu-

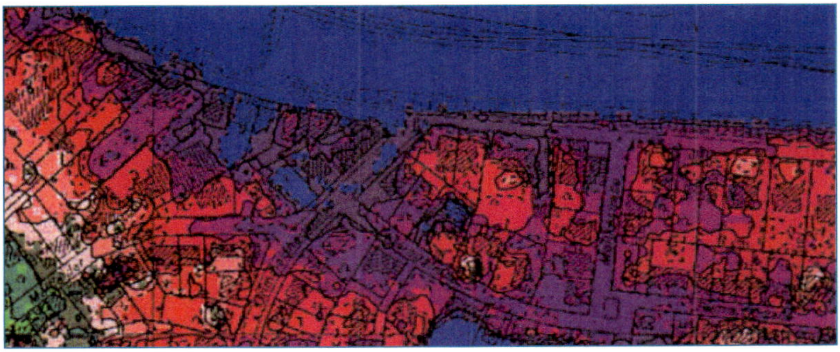

Karten mit Risikogebieten an großen Flüssen zeigen Gefahrenbereiche, um rechtzeitig Maßnahmen ergreifen zu können.

gen, Hausheizungen etc. – zu großen Mengen aufsummiert, lässt sich mit dieser Methode allerdings nicht auffangen. Da auch bei der Speicherung noch Fragen offen sind (Kapazitätsgrenzen, Undichtigkeiten im Gestein, u. a.) kann diese Methode nur eine Zwischenlösung sein.

Neben CO_2 muss auch bei anderen Treibhausgasen auf eine Reduzierung der Emissionen hingewirkt werden. Methan und Lachgas entstehen vor allem in der Landwirtschaft: Besonders die Massentierhaltung und eine Ausdehnung des Reisanbaus tragen zu vermehrten Emissionen bei. Sie können nur durch veränderte Bewirtschaftungsmethoden reduziert werden. Eine weitere Quelle sind undichte Deponien – hier sind technische Maßnahmen erforderlich.

Reagieren durch Anpassung

Neben allen Bemühungen, den Ausstoß von Treibhausgasen zu reduzieren, ist es auch wichtig, sich rechtzeitig auf die bevorstehenden Auswirkungen der Klimaerwärmung einzustellen. Auch hier gilt: Je früher, desto besser.
In der **Landwirtschaft** werden sich **Sortenauswahl** und **Anbaumethoden** den geänderten Bedingungen anpassen müssen. Gerade was die **Bewässerung** anbelangt, sind in Zukunft deutlich **effizientere Methoden** zu entwickeln, denn die Verfügbarkeit von Wasser wird in vielen Gegenden ein begrenzender Faktor werden. Dies gilt vor allem für die Regionen der Erde, die bereits jetzt mit Wasserknappheit konfrontiert sind. Gerade hier ist die Abhängigkeit der Menschen von der

Landwirtschaft zudem oft besonders groß.
Die prognostizierte Zunahme von Niederschlägen und Wetterextremen erfordert verstärkte Anstrengungen beim **Schutz vor Überschwemmungen, Erdrutschen und Stürmen**. Das betrifft die entsprechenden Vorhersage- und Frühwarnsysteme ebenso wie direkte Schutzmaßnahmen (Deiche, Dämme, Schutzmauern, ...). Aber auch indirekte und vorbeugende Maßnahmen wie die Schaffung großer Überflutungsbereiche und eine entsprechende Bau- und Siedlungsplanung sind Teil einer vorausschauenden Anpassungsstrategie. Ein Brennpunkt in diesem Zusammenhang sind die Küstengebiete: Sie zählen zu den dicht bevölkerten Regionen und sind von steigendem Meeresspiegel und Wirbelstürmen besonders betroffen.

Wichtig sind auch konkrete Maßnahmen hinsichtlich der gesundheitlichen Versorgung der Bevölkerung, vor allem in den unterentwickelten Ländern. Hier sind in naher Zukunft erhebliche Hilfen und **wissenschaftlicher Transfer seitens der Industriestaaten** notwendig.
Die Reaktionen auf den Sommer 2003, der in Europa auf Grund der anhaltend hohen Temperaturen zu zahlreichen Todesfällen geführt hatte (Experten schätzten die Zahl zusätzlicher Todesfälle europaweit auf 30.000), ist ein Beispiel dafür, wie eine Anpassung aussehen kann: Die betroffenen Länder erarbeiteten entsprechende Notfallpläne, so dass man bei der Hitzewelle im Juli 2006 viel besser auf die Situation vorbereitet war.
Auch Tiere und Pflanzen sind vom Klimawandel betroffen. So reagieren

In Zukunft wird es in der Landwirtschaft verstärkt auf effiziente Bewässerungsmethoden ankommen.

zum Beispiel Korallenriffe sehr empfindlich auf Temperaturänderungen. Viele andere Ökosysteme werden sich nur bedingt an die neuen Bedingungen anpassen können. Deshalb ist es wichtig, frühzeitig entsprechende Konzepte zu entwickeln. **Planung, Management und Vernetzung von Schutzgebieten** müssen so konzipiert werden, dass Wanderungsbewegungen von Arten möglich sind. Besonderes Augenmerk liegt dabei auf den so genannten „**Hot Spots**" – Regionen oder Schutzgebiete, die eine

Anpassungsstrategien in Deutschland

Die Land- und Forstwirtschaft insbesondere im Osten Deutschlands wird sich auf andere Anbauprodukte einstellen müssen. Gleiches gilt z. B. für den Bodenseeraum. Hier wird schon jetzt vermehrt auf Apfelsorten gesetzt, die bisher in Südtirol angebaut wurden. Besondere Beachtung gilt den Anrainern von Flüssen. Um Überschwemmungen zu verhindern bzw. die Schäden zu minimieren, müssen ausreichend große Überflutungsräume geschaffen werden. Gefährdete Gebiete sind von Bebauung freizuhalten und die Hochwasservorhersage zu optimieren.
Viele Fremdenverkehrsorte in den Mittelgebirgen, aber auch in den bayerischen Alpen, müssen sich noch mehr um Konzepte bemühen, die nicht nur den klassischen Wintertourismus im Auge haben.

besonders hohe oder einmalige Artenvielfalt aufweisen.
Entscheidend bei allen Maßnahmen ist, dass auch ärmere Staaten nötige Finanzmittel aufbringen können. Hier könnten **Klimafonds** helfen, die bei der Klimakonferenz in Nairobi 2006 bereits diskutiert wurden.

Chance und Herausforderung

Neben emissionsmindernden und -vermeidenden Maßnahmen sind in Zukunft mehr und mehr Technologien und Methoden gefragt, die den Umgang mit den sich verändernden Bedingungen erleichtern. Der Klimawandel bietet dabei auch Chancen, denn der Einsatz **neuer Technologien** kann zusätzliche wirtschaftliche Impulse geben. Anpassungs- und Vermeidungsprozesse können zum Motor **nachhaltigen Wirtschaftens** werden. Ein klimaschonendes Energiekonzept entschärft Ungleichgewichte und kann Konflikte um Ressourcen wie Wasser und Öl vermeiden.
Den Klimawandel insgesamt auch als **Chance** zu begreifen, sollte bei der Information der Öffentlichkeit mehr in den Vordergrund gestellt werden. Die Erzeugung einer Katastrophenstimmung führt eher zu fatalistischen Reaktionen, ohnehin nichts mehr tun zu können und damit den Prozess einfach laufen zu lassen.

Forschungsbedarf

Auf Grund der genannten Unsicherheiten bei den vorgestellten Prognosen ist weiterführende Forschung notwendig. Je besser die **Zusammenhänge der Klimamaschine Erde** verstanden werden, desto schneller können **Klimaschutzmaßnahmen** modifiziert und drohende Schäden vermieden oder gemindert werden.

Das Wichtigste in Kürze

- Eine Reduktion der Treibhausgas-Emissionen ist möglich: Durch eine zunehmende Nutzung regenerativer Energiequellen, eine effizientere Nutzung von Energie und konsequentes Energiesparen.
- Die Speicherung von CO_2 stellt nur eine Zwischenlösung dar, die allenfalls einen Zeitgewinn bringt, um Anpassungsstrategien zu entwickeln.
- Mit dem Klimawandel zu leben und sich auf unvermeidbare Veränderungen einzustellen ist eine der wichtigsten Herausforderungen für die Zukunft. Dabei ist der Klimawandel auch als Chance zu begreifen, neue zukunftsfähige Technologien zu entwickeln.

Glossar

Absorption
Hier: Aufnahme von Strahlungsenergie und Umwandlung in langwellige Wärmestrahlung (S. 25 ff.). Gegenteil von > Reflexion.

Aerosole
Kleine, in der Luft schwebende, feste oder flüssige Partikel (Staub, Salzkristalle, Asche u. a.). Wirken auf das Klima kühlend, weil sie Sonnenstrahlung reflektieren (S. 15).

Albedo
Reflexionsvermögen einer Oberfläche (S. 26 f.).

Atmosphäre
Gasförmige Hülle um die Erde (S. 13 ff.).

Biomasse
Gesamtes von Lebewesen aufgebautes Material.

Biosphäre
Belebte Umwelt (von griech. „bios"= Leben und „sfära"= Kugel).

Corioliskraft
Durch die Erdrotation entstehende Kraft, die Windsysteme und Meeresströmungen beeinflusst (S. 31 f.).

El Niño / La Niña
El Niño (span., „Das Christkind") beschreibt eine periodische Änderung der Meeres- und Windzir-kulationen im südlichen Pazifik. La Niña („Das Mädchen") ist der gegenläufige Part (S. 49 ff.).

Emission
Abgabe von Substanzen, Gasen u.a. in die Umwelt (von lat. „emittere" = aussenden), z. B. von > Kohlendioxid bei Verbrennungsprozessen.

Erneuerbare/regenerative Energieträger
Von Quellen gespeist, die nach menschlichen Zeitmaßstäben unerschöpflich sind (z. B. Sonne).

Fossile Energieträger
Entstanden durch biologische und/oder chemische und geologische Prozesse im Laufe der Erdgeschichte (Kohle, Erdöl, Erdgas). Sie bilden sich in überschaubaren Zeiträumen nicht neu.

Fotosynthese
Vorgang, bei dem grüne Pflanzen aus Sonnenlicht, > Kohlendioxid und Wasser > Biomasse aufbauen und Sauerstoff freigeben.

Globale Jahresmitteltemperatur
Ermittelt in Bodennähe, Grundlage für die Beurteilung des globalen Klimas (S. 10 f.).

Golfstrom
Warme Meeresströmung im Atlantik, Teil des > Nordatlantikstromes.

Großes Marines Förderband
Weltumspannende Meeresströmung, die Atlantik, Pazifik und Indischen Ozean verbindet (S. 33 ff.).

Hochdruckgebiet
Bereich, in dem hoher Luftdruck herrscht (S. 30).

Holozän
Jüngste Epoche der Erdgeschichte mit Beginn nach Ende der letzten Eiszeit (vor ca. 12.000 Jahren).

Hydrosphäre
Gesamte Wasservorkommen der Erde (von griech. „hydor"= Wasser und „sfära"= Kugel).

Industrielle Revolution
Periode Ende 18./Anfang 19. Jahrhundert, in der bahnbrechende Erfindungen (z. B. Dampfmaschine) die industrielle Massenfertigung von Gütern einleiteten. Basis war die Nutzung fossiler Energiequellen (Kohle, später Erdöl) in großem Stil.

Klima
Charakteristischer Verlauf des Wetters an einem Ort oder in einem bestimmten Raum über einen längeren Zeitraum hinweg.

Klimaarchiv
Enthält gespeicherte Klimadaten der Vergangenheit. Natürliche Klimaarchive: z. B. Jahresringe von Bäumen, Schichtungen im Eis von Gletschern (Bohrkerne). Historische Klimaarchive: Chroniken, oder historische Messdaten (S. 11 f.).

Klimadiagramm
Zeigt durchschnittliche Klimadaten wie Temperatur und Niederschlag eines bestimmten Ortes und ermöglicht so eine Vergleichbarkeit unterschiedlicher Klimastationen (S. 19).

Klimaelemente
Beschreiben das Klima. Zu ihnen zählen Temperatur, Niederschlag, Wind u. a. (S. 8).

Klimafaktor
Klimabestimmender Faktor. Z. B. Erddrehung, Vegetation, anthropogene Faktoren (S. 23 f.).

Klimamodell
Wiedergabe des Klimas in mathematischen Modellen (S. 72 ff.).

Klimarahmenkonvention (UNFCCC)
1992 auf dem „Erdgipfel" in Rio de Janeiro verfasst. Unverbindliche Erklärung der Staatengemeinschaft, die Erderwärmung so zu begrenzen, dass keine irreversiblen Schäden entstehen.

Klimazone
Einteilung der Erde in Bereiche mit sich ähnelndem Klima: tropisch, subtropisch, gemäßigt, boreal, subpolar, polar. Dazwischen gibt es verschiedene Übergänge, auch variiert die Einteilung (S. 18 ff.).

Kohlendioxid (CO_2)
Spurengas der Atmosphäre, wichtiges > Treibhausgas. Wird vor allem mit dem zusätzlichen > Treibhauseffekt und damit mit dem Klimawandel in Verbindung gebracht.

Kontinentaldrift
Die Erdkruste besteht aus verschiedenen Platten, auf denen die Kontinente langsam aufeinander zu bzw. voneinander weg treiben.

Kryosphäre
Teil der Umwelt, der aus Eis besteht (Meereis, Inlandeis, Gebirgsgletscher, > Permafrostböden).

Lachgas, Distickstoffoxid (N_2O)
Klimawirksames Spurengas der Atmosphäre. Wird vor allem mit dem zusätzlichen > Treibhauseffekt in Verbindung gebracht (S. 71).

Lithosphäre
Äußerer Bereich der Erdmantels mit der Erdkruste, den Gesteinen, aber auch den unterirdischen Lagerstätten von Kohle, Erdöl, Erdgas u. a. (griech. „lithos"= Stein und „sfära"= Kugel).

Meteorologie
Wissenschaft, die sich mit Wetter und Klima beschäftigt.

Methan (CH_4)
Klimawirksames Spurengas der Atmosphäre (20–30-mal wirksamer als CO_2). Wird vor allem mit dem zusätzlichen > Treibhauseffekt in Verbindung gebracht (S. 71).

Milankovic-Zyklen
Zyklische Schwankungen der Erddrehung und der -umlaufbahn um die Sonne (S. 29).

Nachhaltigkeit
Wirtschaftsprinzip, das durch Schonung der natürlichen Lebensgrundlagen auch künftigen Generationen ein lebenswertes Dasein garantiert.

Nordatlantikstrom
Meeresströmung im Nordatlantik, die von der Karibik warmes Wasser bis nach Nordeuropa verfrachtet („Warmwasserheizung Europas", S. 34 ff.).

Ozon / Ozonschicht
Molekülverbindung aus drei Sauerstoffatomen. In oberen Atmosphärenschichten wirkt Ozon als Schutz vor der UV-Strahlung der Sonne. In der unteren Atmosphärenschicht ist Ozon dagegen ein > Treibhausgas.

Pedosphäre
Bodenhülle der Erde (von griech. „pedos"= eben und „sfära"= Kugel).

Permafrostboden
Dauerfrostboden (25% der Oberfläche der Kontinente, in Skandinavien bis 20 m, in Sibirien bis zu 1,5 km tief). Es wird befürchtet, dass weite Bereiche dieser Böden auftauen und damit zusätzlich CO_2 bzw. Methan freigesetzt wird.

Phytoplankton
Im Meer schwimmendes pflanzliches Plankton (Algen). Erstes Glied der marinen Nahrungskette.

Primärenergie
Direkter Energieinhalt von Kohle, Rohöl oder Wind, ohne Umwandlungsverluste z. B. in Strom.

Proxy-Daten
= Stellvertreter. Daten, über die sich das Klima-geschehen der Vergangenheit ableiten lässt (S. 11 ff.).

Reflexion
Rückstrahlung von Strahlungsenergie (S. 26 ff.). Gegenteil von > Absorption (S. auch > Albedo).

Rückkopplung
Wechselwirkung, die einen Effekt verstärkt (positive R.) oder abschwächt (negative R.) (S. 73 f.).

Silikat-Karbonat-Kreislauf
Teil des globalen Kohlenstoffkreislaufes (S. 39).

Szenario
Hier: Annahmen zur zukünftigen wirtschaftlichen und technologischen Entwicklung unserer Welt, die Eingang in > Kimamodelle finden (S. 72 ff.).

Tektonik (Plattentektonik)
Im Erdinneren herrschende Bewegungskräfte, die zur > Kontinentaldrift führen.

Thermohaline Zirkulation
Antrieb des > Großen Marinen Förderbandes, ausgelöst durch Unterschiede in Temperatur (griech. „thermos"= Wärme) und Salzgehalt (griech. „halos"= Salz) von Meerwasser, (S. 34 f.).

Tiefdruckgebiet
Bereich, in dem tiefer Luftdruck herrscht (S. 30).

Treibhauseffekt
Ähnlich wie die Scheiben eines Gewächshauses wirken in der Atmosphäre bestimmte Gase, z. B. Wasserdampf, > Kohlendioxid und > Methan. Sie lassen das Sonnenlicht ungehindert passieren, nicht aber die Wärmeabstrahlung der Erdoberfläche. Die mittlere Temperatur der Erde liegt damit nicht bei –18°C, sondern bei +15°C (natürlicher Treibhauseffekt, S. 14 f.). Aktivitäten des Menschen, z. B. die Verbrennung fossiler Energieträger, erhöhen die Konzentration klimawirksamer Gase und verstärken den Effekt (zusätzlicher oder anthropogener Treibhauseffekt, S. 71 f.).

Treibhausgase
Gase, die die Wärmeabstrahlung der Erdoberfläche in den Weltraum z. T. unterbinden (wie die Glasscheibe eines Treibhauses). Z. B. Wasserdampf, > Kohlendioxid und > Methan.

Troposphäre
Unterste Atmosphärenschicht, ca. 10–12 km dick, auch Wetterschicht genannt (S. 15 f.).

Tundra
Vegetation der subpolaren Klimazone mit Moosen, Flechten und niedrigen Sträuchern. Keine Bäume (S. 46).

UV-Strahlung
Kurzwelliger, ultravioletter Wellenlängenbereich der Sonnenstrahlung, für die meisten Organismen schädlich. Die UV-Strahlung wird z. T. durch die Ozonschicht in 15–30 km Höhe absorbiert.

Wetter
Kurzfristiger und stets wechselnder Zustand der Atmosphäre an einem bestimmten Ort (S. 4).

Zirkumpolarstrom
Meeresströmung, die im Uhrzeigersinn die Antarktis umkreist (S. 34 ff.).

Im Text genannte Abkürzungen:

COP (Conference of the Parties)
Jährliche Zusammenkunft der Vertragsstaaten der > Klimarahmenkonvention (erstmalig 1995).

GEMS (Global Environmental Monitoring System)
Globales Überwachungssystem zur Wahrnehmung menschlicher Einflüsse durch Energiegewinnung und -verbrauch, entstand 1972 mit dem > UNEP.

IPCC (Intergovernmental Panel on Climate Change)
Interdisziplinärer Kreis aus Wissenschaftlern, die den aktuellen Stand der Klimaforschung bündeln und alle 6–7 Jahre in Berichten wiedergeben. Gegründet 1988 in Toronto.

Ppm (Parts per million)
Zahlenwert (engl. = ein Teil auf eine Million), der vielfach in Chemie, Physik und Umweltwissenschaften Verwendung findet. Z. B. beträgt der Anteil von CO_2 in der Atmosphäre zzt. knapp 380 ppm.

SRES (Second Report on Emissions Scenarios)
Mögliche Entwicklungsszenarien der Welt, auf die sich die Wissenschaftswelt im 2. IPCC-Bericht geeinigt hat, um Vergleichsmöglichkeiten zu haben.

UNCED (United Nations Conference on Environment and Development)
„Erdgipfel“ von Rio de Janeiro (1992).

UNEP (United Nations Environment Programme)
Umweltprogramm der UNO, gegründet 1972.

UNFCCC (United Nations Framework Convention on Climate Change)
Klimarahmenkonvention (1992 in Rio de Janeiro).

UNO (United Nations Organization)
Organisation der Vereinten Nationen.

WBGU
Wissenschaftlicher Beirat der Bundesregierung Globale Umweltveränderungen.

WCP (World Climate Programme)
Weltklimaprogramm, gegründet 1979 in Genf.

WMO (World Meteorological Organization)
Weltorganisation für Meteorologie unter dem Dach der UNO, Sitz in Genf. Fördert die Standardisierung und den internationalen Austausch klimarelevanter Daten.

Literatur und Internet

Allgemeine Informationen

- Bayerisches Landesamt für Umwelt (2004): Klimaänderungen. > www.bayern.de/lfu
- Bundesministerium für Bildung und Forschung/ BMBF (Hrsg.) (2003): Herausforderung Klimawandel. Bonn/Berlin > www.bmbf.de > Service > Publikationen
- Deutscher Wetterdienst (DWD) – Klimastatus-berichte. > www.dwd.de
- Häckel, H. (2005): Meteorologie. Stuttgart
- IPCC-Berichte > www.ipcc.ch
- Ludwig, K.-H. (2006): Eine kurze Geschichte des Klimas. München
- Max-Planck-Institut für Meteorologie (Hrsg.) (2006): Klimaprojektionen für das 21. Jahrhundert. Hamburg
- Münchener Rück (Hrsg.) (2004): Wetterkatastrophen und Klimawandel – Sind wir noch zu retten? München (Edition Wissen der Münchener Rückversicherungsgesellschaft)
- Rahmstorf, S., Schellnhuber, H.-J. (2006): Der Klimawandel. München (C. H. Beck)
- UNFCCC (1999): Informationsblätter zum Klimawandel. > www.unfccc.int

Internetadressen

> www.allianz-umweltstiftung.de
> www.bmbf.de
> www.bmu.de
> www.dwd.de
> www.espere.net
> www.grida.no > maps and graphics
> www.hamburger-bildungsserver.de > Themen > Klima
> www.ipcc.ch
> www.pik-potsdam.de
> www.umweltbundesamt.de
> www.wbgu.de
> www.wmo.ch
> http://gaw.kishou.go.jp/wdcqg.html

Spezielle Informationen zu einzelnen Kapiteln

Dem Klima auf der Spur

- Pfister, C. (2004): Historische Aufzeichnungen als Indizien in der Diskussion des Klimawandels. in: Wetterkatastrophen und Klimawandel. München, S. 24–31

Die Schutzhülle der Erde

> www.espere.net > Wetter
> www.hamburger-bildungsserver.de > Atmosphäre

Klimamaschine Erde

- DTV-Atlas zur Ökologie (1990), München

Klimamotor Sonne

> www.espere.net > Untere Atmosphäre

Klimaausgleich – Wind und Wasser

> www.espere.net > Wetter > Ozean
> www.hamburger-bildungsserver.de > Ozean

Klima in Bewegung. Klima und Leben

- DWD-Klimastatusbericht 2003: Oschmann, W.: Vier Milliarden Jahre Klimageschichte. > www.dwd.de > www.geologieinfo.de

Klimaphänomene und Klimaextreme

- Latif, M. (2004): Klimaänderung und El Niño. in: Wetterkatastrophen und Klimawandel. München, S. 42–49

Blick zurück – Klimageschichte. Klima und Mensch

- DWD Klimastatusbericht 2003: > www.dwd.de
  Litt, T.: Klimaentwicklung in Europa während der letzten Warmzeit.
  Oschmann, W.: Vier Milliarden Jahre Klimageschichte.
  Schneider, R., Lohmann, G.: Das Klima der letzten 11.000 Jahre.
- Rahmstorf, S. (2004): Abrupte Klimawechsel. in: Wetterkatastrophen und Klimawandel. München, S. 70–75
- Schlüchter, C. (2004): Alpen ohne Gletscher? Holz- und Torffunde als Klimaindikatoren.
  > alpen.sac-cas.ch > Archiv > 2004/06

> www.hamburger-bildungsserver.de > Klimageschichte

Klimawandel?

- Bayerisches Landesamt für Umwelt (Hrsg.) (2004): Treibhausgase.
  > www.bayern.de/lfu
- IPCC (2007): Bericht der Arbeitsgruppe I – Wissenschaftliche Grundlagen. Zusammenfassung
- Schönwiese, C.-D. (2004): Klimaänderungen im Industriezeitalter – Beobachtungen, Ursachen und Signale. in: Wetterkatastrophen und Klima-wandel. München, S. 32–41

Klima im Fokus

- Cubasch, U. (2004): Klimamodellierung und Fingerprints. in: Wetterkatastrophen und Klimawandel. München, S. 62–69
- IPCC (2007): Bericht der Arbeitsgruppe I – Wissenschaftliche Grundlagen. Zusammenfassung
  > www.hamburger-bildungsserver.de > Klimawandel

Klimaprojektionen

- Hulme, M., Sheard. N. (1999): Climate Change Scenarios for Germany, Climate Research Unit. Norwich GB
- Lebensministerium (2005): Klimawandel im Alpenraum, Auswirkungen und Herausforderungen. Wien > www.lebensministerium.at > Publikationen
- Umweltbundesamt Dessau > www.umweltbundesamt.de > Publikationen (2007): Neue Ergebnisse zu regionalen Klimaänderungen (2006): Klimagefahr durch tauenden Permafrost. (2005): Berechnung der Wahrscheinlichkeiten für das Eintreten von Extremereignissen durch Klimaänderungen – Schwerpunkt Deutschland. (2004): Globaler Klimawandel.
- WBGU (Hrsg.) (2006): Die Zukunft der Meere – zu warm, zu hoch, zu sauer > www.wbgu.de > www.espere.net > Menschen ändern Klima > www.hamburger-bildungsserver.de > Klimawandel

Klimapolitik

- Bayerisches Landesamt für Umwelt (2006): Klimaschutzpolitik > www.bayern.de/lfu
- Umweltbundesamt (2005): Die Zukunft in unseren Händen – 21 Thesen zur Klimaschutzpolitik des 21. Jahrhunderts > www.umweltbundesamt.de > Publikationen

Klimawandel – Fakt oder Panikmache?

- Maxeiner, D./Miersch, M. (2000): Lexikon der Ökoirrtümer. München, Zürich
- Rahmstorf, S. (2004): Die Klimaskeptiker. in: Wetterkatastrophen und Klimawandel. München, S. 76–83
- Rahmstorf, S. (2004): Die Thesen der Klimaskeptiker – was ist dran? > www.pik-potsdam.de
- Umweltbundesamt (Hrsg.) (2004): Klimaänderung – Festhalten an der vorgefassten Meinung? Wie stichhaltig sind die Argumente der Skeptiker? > www.umweltbundesamt.de > Publikationen

Auf den Klimawandel reagieren. Zwischen Zurückrudern und Anpassen

- Bayerisches Landesamt für Umwelt (2004): Sonnenenergie > www.bayern.de/lfu
- Bundesministerium für Bildung und Forschung. Berlin > www.bmbf.de > Service > Publikationen (2006): Forschung für den Klimaschutz und Schutz vor Klimawirkungen. (2004): Forschung für den Klimaschutz. (2004): Vom Wissen zum Handeln? Die Forschung zum Globalen Wandel und ihre Umsetzung.
- IPCC (2001): > www.ipcc.ch > Publikationen

Bericht der Arbeitsgruppe II – Auswirkungen, Anpassung und Anfälligkeit. Zusammenfassung
Bericht der Arbeitsgruppe III – Verminderung. Zusammenfassung

- Kleinen, T., Füssel, H.-M., Bruckner, T. (2004): Vorsorgeprinzip und Klimawandel. > www.cru.uea.ac.uk > Publikationen
- Schellnhuber, H.-J./Petschelheld, G. (2004): Die nächsten 100 Jahre – Steuern zwischen Leitplanken. in: Wetterkatastrophen und Klimawandel. München, S. 84–93
- Umweltbundesamt Dessau (Hrsg.) > www.umweltbundesamt.de > Publikationen
  (2006): Anpassung an Klimaänderungen in Deutschland – Regionale Szenarien und nationale Aufgaben.
  (2006): Künftige Klimaänderungen in Deutschland – Regionale Projektionen für das 21. Jahrhundert.
  (2005): Klimafolgen und Anpassung an den Klimawandel in Deutschland – Kenntnisstand und Handlungsnotwendigkeiten.
  (2005): Klimawandel in Deutschland – Vulnerabilität und Anpassungsstrategien klimasensitiver Systeme.
- WBGU Berlin (Hrsg.) > www.wbgu.de
  (2007): Neue Impulse für die Klimapolitik: Chancen der deutschen Doppelpräsidentschaft nutzen.
  (2003): Über Kioto hinausdenken – Klimaschutzstrategien für das 21. Jahrhundert.
  (2003): Welt im Wandel – Energiewende zur Nachhaltigkeit.
  (1997): Ziele für den Klimaschutz.
  (1995): Szenario zur Ableitung globaler CO_2-Reduktionsziele und Umsetzungsstrategien.
- Wuppertal Institut für Klima, Umwelt und Energie (2004): Anpassung an nicht mehr vermeidbaren Klimawandel > www.wupperinst.org > Publikationen

Stichwortverzeichnis

Kursive Seitenzahlen verweisen auf Abbildungen.

Allianz Umweltstiftung

Umweltschutz macht Spaß, wenn er sich nicht nur auf Verbote und den erhobenen Zeigefinger beschränkt – das zeigt die Allianz Umweltstiftung mit ihren Förderprojekten.

„Mitwirken an einem lebenswerten Dasein in einer sicheren Zukunft"
Diese Maxime hat die Allianz Umweltstiftung in ihrer Satzung verankert. Mit Gründung der Umweltstiftung im Jahr 1990 setzte die Allianz ein weiteres Zeichen für die Übernahme gesellschaftlicher Verantwortung.

Ziele

Ziel der Stiftungstätigkeit ist, Kreativität zu fördern, Innovation zu ermöglichen und Freude an der Natur zu vermitteln. Im Mittelpunkt der Stiftungsaktivitäten steht deshalb der Mensch – denn seine Aktivitäten prägen unsere Umwelt und seine Träume und Visionen bestimmen unsere Zukunft.

Fördergrundsätze

Um mit ihren Mitteln das maximal Mögliche zu erreichen, orientiert sich die Allianz Umweltstiftung bei der Projektauswahl an den folgenden Grundsätzen.

Gefördert werden Projekte,

- die nicht allein die Natur bzw. die Umwelt im Blick haben, sondern den Menschen und seine Bedürfnisse mit einbeziehen,
- die auf eine nachhaltige Verbesserung der Umweltsituation abzielen,
- die Umweltaspekte mit sozialen, kulturellen und bildungsbezogenen Anliegen verknüpfen,
- die als Modellprojekte einen Impuls geben und dadurch andere Institutionen zur Fortsetzung oder Nachahmung anregen,
- die Forschung in praktisches Handeln umsetzen und so den Natur- und Umweltschutz weiterentwickeln.

Dabei ergreift die Allianz Umweltstiftung auch selbst die Initiative: durch die Festlegung der Förderbereiche und die aktive Mitgestaltung der Projekte.

Förderbereiche

Es gibt viele Bereiche, in denen sich ein Engagement für die Umwelt lohnt. Um hier einer Beliebigkeit vorzubeugen und ein eigenes Profil zu entwickeln, hat die Allianz Umweltstiftung verschiedene Förderbereiche festgeschrieben:

- Natur-, Artenschutz und Landschaftspflege
- Lebendige Gewässer
- Grün in Städten
- Gartenkunst
- Umweltkommunikation.

Neben der Fördertätigkeit in diesen Bereichen werden die Aktivitäten der Stiftung durch die Benediktbeurer Gespräche und die Aktion „Der Blaue Adler" abgerundet.

Informationsmappen

Um möglichst viele Menschen für ein Engagement in Sachen Umwelt zu begeistern, erstellt die Allianz Umweltstiftung Informationsmappen. Bisher sind die Ausgaben **„Wasser"**, **„Erneuerbare Energien"** und **„Tropenwald"** erhältlich. Weitere Themen befinden sich in der Vorbereitung.

Allianz
Umweltstiftung

Zentrum für Umwelt und Kultur Benediktbeuern

Das Zentrum für Umwelt und Kultur Benediktbeuern e. V. (ZUK) im historischen Meierhof des Klosters Benediktbeuern ist ein modernes Bildungs- und Tagungszentrum, 1988 gegründet von der Ordensgemeinschaft der Salesianer Don Boscos. „Der Schöpfung eine Chance" lautet ein Leitsatz, mit dem Wertschätzung und verantwortungsvoller Einsatz für das Leben in seiner ganzen Vielfalt als Werthaltungen vermittelt und umgesetzt werden sollen. Vielseitige Bildungs- und Kulturangebote für Kinder, Jugendliche, Erwachsene und Familien sowie konkrete Modell-Projekte des Biotop- und Artenschutzes dienen diesem Ziel. Ein Naturlehrgebiet mit Erlebnisbiotopen, Beobachtungsstationen, Lehr- und Erlebnispfaden sowie Schaugärten, Energiezentrale und Energiewerkstatt (im Aufbau) sind in das reichhaltige Angebot eingebunden.

Zentrum für Umwelt und Kultur Benediktbeuern

Zunkunftsorientierte Energieversorgung

Die Energiezentrale im Kloster Benediktbeuern – initiiert und gebaut vom Trägerverbund des Zentrums für Umwelt und Kultur Benediktbeuern e.V. – versorgt seit 2001 Kloster und Meierhof mit Wärme und Strom. Ein Energiemix aus sechs verschiedenen Nutzungen regionaler erneuerbarer Energien – Sonne, Wasserkraft, Holz und Rapsöl – deckt bis zu 90 % des Wärme- und 50 % des Strombedarfs. Hierdurch können jährlich rund 400.000 l Heizöl und damit 1.400 t des Treibhausgases CO_2 eingespart werden – ein praktischer Beitrag zum Klima- und Ressourcenschutz. Die mit der Energiezentrale ebenfalls geförderten Arbeitsplätze in regionaler Land- und Forstwirtschaft sowie ökonomische Vorteile durch den Einsatz preisgünstiger Holzhackschnitzel sprechen für eine nachhaltige Wirtschaftsweise. Das Vor-

bild- und Modellprojekt der Energiezentrale ist in die Umweltbildungsarbeit des ZUK eingebunden und zeigt interessierten Besuchern – darunter zahlreichen Entscheidungsträgern und Multiplikatoren – konkrete Möglichkeiten und Nutzen beim Einsatz erneuerbarer Energien.

Moorrenaturierung und Naturerlebnis

Im Sinne des Arten- und Biotopschutzes hat das ZUK seit 1993 insgesamt über 400 ha Nieder- und Hochmoorfläche in den benachbarten Loisach-Kochelsee-Mooren renaturiert. Die Maßnahmen tragen auch zum Klimaschutz bei, da durch die verminderte Torfzersetzung das Treibhausgas CO_2 gebunden bleibt. Unmittelbar neben der Loisach gelegen, tragen die Moorflächen als Retentionsraum außerdem zum Hochwasserschutz bei: Torf und Vegetation speichern wie ein „Schwamm" das Wasser und bremsen seinen Abfluss. Seit 2003 ist das ZUK auch an der Gebietsbetreuung der Moore im Landkreis Bad Tölz-Wolfratshausen beteiligt – dem vielfältigsten Moorvorkommen Mitteleuropas.

Anschrift:
Zentrum für Umwelt und
Kultur Benediktbeuern e.V. (ZUK)
Zeilerweg 2 (Meierhof)
83671 Benediktbeuern
Tel. 08857 / 88-777
Fax. 08857 / 88-709
e-mail: info@zuk-bb.de
www.zuk-bb.de

Mit dem Kauf dieses Buches haben Sie 0,30 € an das ZUK gespendet.

Bildquellen
Titelfoto: photos.com
Allianz Umweltstiftung: Seite 124 beide
Bildarchiv Preußischer Kulturbesitz, bpk/Gemäldegalerie,
SMB/Jörg P. Anders: Seite 62
ccvision.de: Umschlagrückseite, Seite 3 unten, 6, 18, 30, 50 beide, 74, 75 unten, 91, 98, 106, 111
Deutscher Wetterdienst: Seite 11 beide, 83, 98
Glaser, Prof. Dr. Rüdiger: Seite 10
Imago 87: Seite 52, 85
Kuhn, Regina: Seite 125 unten
Moullec, Christian: Seite 125 oben
panthermedia.net: Seite 8 (Franz R.), 38 (Reimar W.), 63 rechts (Meseritsch H.), 103 (Sabine N.), 109 (Bernd K.)
photos.com: Seite 2, 3 oben, 4, 5 links, 7 beide, 13, 15, 20 alle, 21 alle, 22, 25, 29, 34, 37, 43, 46, 47, 55, 56, 57, 59, 63 links, 65, 68 rechts, 69, 70, 75 oben, 79, 84, 86, 87, 89, 90, 92, 93, 95, 96, 97, 100, 101, 102, 107, 108, 110 sowie alle Grafiken und Zeichnungen
Photocase: Seite 61
Willner, Wolfgang: Seite 68 links
Zentrum für Umwelt und Kultur Benediktbeuren: Seite 126 beide, 127

Bibliografische Information der Deutschen Nationalbibliothek
Die Deutsche Nationalbibliothek verzeichnet diese Publikation in der Deutschen Nationalbibliografie; detaillierte bibliografische Daten sind im Internet über http://dnb.d-nb.de abrufbar.

Wollgrasweg 41, 70599 Stuttgart (Hohenheim)
E-Mail: info@ulmer.de
Internet: www.ulmer.de
Lektorat: Dr. Nadja Kneissler
Herstellung: Martina Gronau
Umschlagentwurf: red.sign, Anette Vogt, Stuttgart
dtp: DOPPELPUNKT Auch & Grätzbach, Stuttgart
Druck und Bindung: Firmengruppe APPL, aprinta Druck, Wemding
Printed in Germany

ISBN 978-3-8001-5696-2